河南省电力行业技能等级评价理论考核补充题库

农网配电营业工
（台区经理）

河南省电力行业职业技能鉴定中心　编

河南科学技术出版社
·郑州·

图书在版编目（CIP）数据

农网配电营业工（台区经理）/ 河南省电力行业职业技能鉴定中心编.
—郑州 ：河南科学技术出版社，2019.7（2021.9 重印）
（河南省电力行业职业技能等级评价理论考核补充题库）
ISBN 978-7-5349-5481-8

Ⅰ. ①农… Ⅱ. ①河… Ⅲ. ①农村配电－职业技能－评价－习题集
Ⅳ. ①TM727.1－44

中国版本图书馆 CIP 数据核字(2014)第 050802 号

出版发行：河南科学技术出版社
地址：郑州市郑东新区祥盛街 27 号　　邮编：450016
电话：（0371）65725195　65788859
网址：www.hnstp.cn
策划编辑：孙　彤
责任编辑：孙　彤
责任校对：柯　姣
封面设计：张　伟
责任印制：朱　飞
印　　刷：河南新华印刷集团有限公司
经　　销：全国新华书店
开　　本：850mm×1168mm　1/32　印张：5　字数：156 千字
版　　次：2019 年 7 月第 2 版　2021 年 9 月第 7 次印刷
定　　价：28.00 元

河南省电力行业技能等级评价理论考核补充题库建设工作委员会

主　任　肖玉杰

副主任　邱天波　张永光

委　员　（以姓氏笔画为序）

马贞贞　王　哲　白方亮　冯　昊
边红婕　邢路芳　孙　科　李　慧
李建明　李珊珊　宋　艳　张　乾
张　清　张　璐　张洪波　陈　岳
赵尉然　姜艳萍　徐刚刚　郭　鹏
郭海燕　董　璐

本书编写人员

第 1 版

刘　珂　徐灵均　邓　煜　武胜宏

第 2 版

编写人员：李建明　刘德仁

审核人员：马景龙　靳永志　许大宾

为全面推进“三型两网”世界一流电网建设，培养和造就一支素质优良、理论扎实、技艺精湛的高技能人才队伍，按照国家电网公司推进技能等级评价的工作要求，根据河南省电力生产的具体情况，河南省电力行业职业技能鉴定中心统一组织编写了“河南省电力行业技能等级评价理论考核补充题库”丛书。

“河南省电力行业技能等级评价理论考核补充题库”由单选题、多选题和判断题三部分组成，是在原题库的基础上加以修改完善的，除了将原题库中的绘图题、计算题、简答题和论述题转换为单选、多选和判断等客观题型外，新题库内容在知识结构更新、“四新”应用等方面更具有科学性、针对性和实用性，在深度和广度上涵盖了本工种技能等级评价的全部内容，更加符合生产现场对提高技能人员素质的要求。

“河南省电力行业技能等级评价理论考核补充题库”涉及电网调控运行、输电运检、变电运检、配电运检、电力营销等五个专业的十二个工种，即变配电运行值班员、抄表核算收费员、电能表修校工、继电保护员、电力调度员（主网）、装表接电工、用电监察员、配电线路工、电力电缆安装运维工（配电）、送电线路工、变电设备检修工、农网配电营业工（台区经理）等工种。

本丛书也适用于中国电力企业联合会组织的相关工种的技能等级认证理论考试。

本丛书在编写过程中得到各级领导、生产现场技能专家的大力支持和帮助，他们对本丛书提出了许多宝贵意见，在此一并表示感谢。

由于时间仓促，书中可能存在不足之处，恳请大家批评指正。

河南省电力行业职业技能鉴定中心

2019 年 5 月

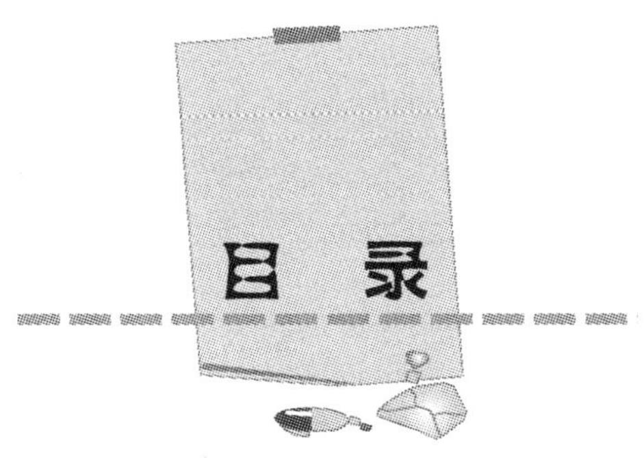

目 录

第一章　单选题

第一节　初级工

1. 电力营销—农网配电营业工（台区经理）—初级工—单选题—基本技能—易

巡视有特殊巡视和夜间巡视，当夜间巡视时应在线路（B）且没有月光的时间里进行。

（A）正常运行时；（B）最大负荷时；（C）故障时；（D）最小负荷时。

2. 电力营销—农网配电营业工（台区经理）—初级工—单选题—基本技能—易

单股导线连接，当单股导线截面在（C）以下时，可用铰接法连接。

（A）$8mm^2$；（B）$4mm^2$；（C）$6mm^2$；（D）$2mm^2$。

3. 电力营销—农网配电营业工（台区经理）—初级工—单选题—相关专业—易

制作钢丝绳套，其穿插回数规程规定不得少于（D）。

（A）5 回；（B）6 回；（C）3 回；（D）4 回。

4. 电力营销—农网配电营业工（台区经理）—初级工—单选题—基本技能—易

测量低压线路和配电变压器低压侧的电流时，若不允许断开线路，可使用（D），应注意不触及其他带电部分，防止相间短路。

（A）电压表；（B）电流表；（C）万用表；（D）钳形表。

5. 电力营销—农网配电营业工（台区经理）—初级工—单选题—专业技能—易

新建设电力线路电杆的编号（C）

（A）分支杆允许有重号；（B）有少数脱号也可以；（C）不允许有跳号；（D）耐张杆允许有重号。

6. 电力营销—农网配电营业工（台区经理）—初级工—单选题—专业技能—易

钢芯铝绞线的钢芯断（B）时，需锯断重新以直线接续管连接。

（A）4股；（B）1股；（C）3股；（D）2股。

7. 电力营销—农网配电营业工（台区经理）—初级工—单选题—专业技能—易

对运行中的跌落熔断器，要定期停电检查，调整各个触点及活动元件，检查和调整工作一般（B）进行一次。

（A）1~2年；（B）1~3年；（C）1~4年；（D）1~5年。

8. 电力营销—农网配电营业工（台区经理）—初级工—单选题—专业技能—易

低压金属氧化物避雷器用500V兆欧表测量电阻值，（C）以上即为正常。

（A）4MΩ；（B）3MΩ；（C）2MΩ；（D）1MΩ。

9. 电力营销—农网配电营业工（台区经理）—初级工—单选题—专业技能—易

线路施工时，耐张绝缘子串的销子一律（D）穿。

（A）向右（面向受电侧）；（B）向左（面向受电侧）；（C）向上；（D）向下。

10. 电力营销—农网配电营业工（台区经理）—初级工—单选题—专业技能—难

转角双并横担安装前，先量取从杆顶往下（D）处划印，安装拉线抱箍后再装设双并横担。

（A）150mm；（B）200mm；（C）250mm；（D）300mm。

11. 电力营销—农网配电营业工（台区经理）—初级工—单选题—专业技能—中

在直线杆上安装分支横担，作业人员先确定分支横担位置，其安装位置是距直线横担准线下方（B）处划印。

（A）900mm；（B）450mm；（C）600mm；（D）750mm。

12. 电力营销—农网配电营业工（台区经理）—初级工—单选题—相关技能—中

未经医生许可，严禁用（A）来进行触电急救。

（A）打强心针的方法；（B）心肺复苏法；（C）仰卧压胸法；（D）举臂压胸法。

13. 电力营销—农网配电营业工（台区经理）—初级工—单选题—相关技能—难

用滚杆拖运笨重物体时，添放滚杆的人员应站在（C），并不得戴手套。

（A）滚动物体的前方；（B）滚动物体的后方；（C）滚动物体的侧方；（D）方便放滚杆的方向。

14. 电力营销—农网配电营业工（台区经理）—初级工—单选题—专业技能—易

当地形受到限制，无法安装拉线时，可用撑杆。要求撑杆梢径不得小于160mm，与电杆的夹角以（B）为宜。

（A）36°；（B）26°；（C）16°；（D）6°。

15. 电力营销—农网配电营业工（台区经理）—初级工—单选题—基础知识—难

电费核算是电费管理的（C）环节，是为提高供电企业经济

效益服务的。

（A）基础；（B）目的；（C）中枢；（D）最终。

16. 电力营销—农网配电营业工（台区经理）—初级工—单选题—专业知识—易

对基建工地、农田水利、市政建设等非永久性用电，可以供给（C）电源。

（A）备用；（B）常用；（C）临时；（D）保安。

17. 电力营销—农网配电营业工（台区经理）—初级工—单选题—专业知识—易

因用户原因连续（B）不能如期抄到计费电能表读数时，供电企业应通知该用户并终止供电。

（A）3 个月；（B）6 个月；（C）1 年；（D）2 年。

18. 电力营销—农网配电营业工（台区经理）—初级工—单选题—专业知识—中

电力销售收入是指（A）。

（A）应收电费；（B）实收电价；（C）临时电价；（D）实收电费和税金。

19. 电力营销—农网配电营业工（台区经理）—初级工—单选题—相关专业—易

电力系统运行应当连续、稳定，保证安全供电（B）。

（A）可行性；（B）可靠性；（C）责任性；（D）优越性。

20. 电力营销—农网配电营业工（台区经理）—初级工—单选题—相关专业—中

建立用户（A）工作是实现计算电费管理的第一步基础工作。

（A）档案；（B）台账；（C）资料；（D）数据。

21. 电力营销—农网配电营业工（台区经理）—初级工—单

选题—专业知识—难

在低压配电线路中，易燃、易爆场所应采用（D）。

（A）瓷柱、瓷绝缘子布线；（B）塑料护套线布线；（C）塑料管布线；（D）钢管布线。

22. 电力营销—农网配电营业工（台区经理）—初级工—单选题—相关专业—易

在高压电能传输中，一般采用（A）。

（A）钢芯铝绞线；（B）钢缆；（C）铜芯线；（D）铝芯线。

23. 电力营销—农网配电营业工（台区经理）—初级工—单选题—相关专业—易

电力系统的主网络是（B）。

（A）配电网；（B）输电网；（C）发电厂；（D）微波网。

24. 电力营销—农网配电营业工（台区经理）—初级工—单选题—相关专业—难

如果电动机外壳未接地，与电动机发生一相碰壳时，它的外壳就带有（C）。

（A）线电压；（B）线电流；（C）相电压；（D）相电流。

25. 电力营销—农网配电营业工（台区经理）—初级工—单选题—基本技能—易

导线的绝缘强度是用（C）来测量的。

（A）绝缘电阻试验；（B）交流耐压试验；（C）直流耐压试验；（D）耐热能力试验。

26. 电力营销—农网配电营业工（台区经理）—初级工—单选题—基本技能—难

下列电烙铁中，不能长时间通电使用的是（C）。

（A）外热式电烙铁；（B）内热式电烙铁；（C）快热式电烙铁；（D）外热式和内热式电烙铁。

27. 电力营销—农网配电营业工（台区经理）—初级工—单选题—专业技能—易

墙壁开关一般离地不低于（D）m。

（A）1.0；（B）0.8；（C）1.5；（D）1.3。

28. 电力营销—农网配电营业工（台区经理）—初级工—单选题—专业知识—易

电气设备正常运行时，其流过的电流是（D）。

（A）尖峰电流；（B）短路电流；（C）1.1倍额定电流；（D）负荷电流。

29. 电力营销—农网配电营业工（台区经理）—初级工—单选题—专业知识—易

35kV及以上电压供电的用户受电端的电压允许偏差值为（A）。

（A）±5%；（B）±7%；（C）+5%～-10%；（D）±10%。

30. 电力营销—农网配电营业工（台区经理）—初级工—单选题—相关知识—易

我国目前电力系统的实际调度机构可分为五级，而县级属于第（D）级的调度。

（A）一级；（B）二级；（C）三级；（D）五级。

31. 电力营销—农网配电营业工（台区经理）—初级工—单选题—相关知识—易

调度职责主要有四个方面，一是确保电网安全运行，二是确保（A），三是确保电网经济运行，四是参与企业经营管理。

（A）电能质量；（B）倒闸操作；（C）设备保养；（D）通信管理。

32. 电力营销—农网配电营业工（台区经理）—初级工—单选题—专业知识—易

由于不同日期抄表引起统计线损不准确，其原因是（D）

（A）供电关口电能计量误差；（B）用户电能计量的误差；（C）漏抄；（D）抄表非同时进行。

33. 电力营销—农网配电营业工（台区经理）—初级工—单选题—专业知识—易

一般农用10kV配电电力变电器，上层油温最高运行允许温度应是（A）℃。

（A）95；（B）65；（C）55；（D）45。

34. 电力营销—农网配电营业工（台区经理）—初级工—单选题—专业知识—易

《供电营业规则》中规定：工业企业功率因数低于（B）时不予供电。

（A）0.9；（B）0.7；（C）0.6；（D）0.85。

35. 电力营销—农网配电营业工（台区经理）—初级工—单选题—相关知识—中

继电器中线圈带电，启动其触点从闭合实现打开，那么这种触点叫（A）。

（A）动断触点；（B）动合触点；（C）延时触点；（D）信号延时触点。

36. 电力营销—农网配电营业工（台区经理）—初级工—单选题—相关知识—难

发生变电站直流回路负极完全接地后，正极的对地电压测量值应为（A）。

（A）220V；（B）350V；（C）500V；（D）110V。

37. 电力营销—农网配电营业工（台区经理）—初级工—单选题—专业知识—难

400V三相四相制供电系统中，若发生中性线断线，则可能

引起中线连接的相线之间的用电电器（A）。

（A）部分电器烧坏；（B）所有电器烧坏；（C）相应高压线路的速断跳闸；（D）相应高压线路的单相接地。

38. 电力营销—农网配电营业工（台区经理）—初级工—单选题—专业知识—易

表示设备能够正常运行的最大负荷电流叫设备的（A）。

（A）额定电流；（B）额定短路开断电流；（C）额定短路关合电流；（D）额定峰值耐受电流。

39. 电力营销—农网配电营业工（台区经理）—初级工—单选题—基础知识—中

电压互感器二次侧的额定线电压值为（B）V。

（A）120；（B）100；（C）；（D）50。

40. 电力营销—农网配电营业工（台区经理）—初级工—单选题—专业知识—中

在低压电容器组从电网中断开后，（B）内不得重新投入。

（A）0.5s；（B）3min；（C）0.5min；（D）5s。

41. 电力营销—农网配电营业工（台区经理）—初级工—单选题—专业知识—易

当母线电压超过额定电压的（A）时，禁止将电容器组加入在这条母线上运行。

（A）1.1倍；（B）1.2倍；（C）1.5倍；（D）1.3倍。

42. 电力营销—农网配电营业工（台区经理）—初级工—单选题—专业知识—难

高压电气设备的大电流接地系统中，一般要求接地电阻在（A）及以下。

（A）0.5Ω；（B）0.3Ω；（C）4Ω；（D）10Ω。

43. 电力营销—农网配电营业工（台区经理）—初级工—单选题—基础知识—中

剩余电流的动作保护装置在被保护系统正常运行的情况下，三相电流加零线电流的相量和等于（A）。

（A）0；（B）5A；（C）1A；（D）不确定。

44. 电力营销—农网配电营业工（台区经理）—初级工—单选题—相关知识—易

按继电保护功能不同，变压器的差动保护属于变压器的（A）。

（A）主保护；（B）后备保护；（C）辅助保护；（D）方向保护。

45. 电力营销—农网配电营业工（台区经理）—初级工—单选题—专业知识—难

变压器安装的过电流保护是按照躲开最大（C）来整定。

（A）短路电流；（B）零序电流；（C）负荷电流；（D）峰值电流。

46. 电力营销—农网配电营业工（台区经理）—初级工—单选题—相关知识—难

被测设备表面污秽严重时，其绝缘电阻可能显著（B）。

（A）上升；（B）下降；（C）不变；（D）无穷大。

47. 电力营销—农网配电营业工（台区经理）—初级工—单选题—相关知识—难

对于变压器之类的电磁感应设备，在其二次侧加压，而一次侧就会得到相应的电压来考验其绝缘强度。这种试验方法叫（B）。

（A）工频耐压试验；（B）感应耐压试验；（C）冲击电压试验；（D）直流耐压试验。

48. 电力营销—农网配电营业工（台区经理）—初级工—单

选题—专业知识—易

由专职巡线员进行，为了掌握线路运行状况、沿线环境变化、并做好护线宣传工作的巡视，叫（D）。

（A）特殊巡视；（B）夜间巡视；（C）故障巡视；（D）定期巡视。

49. 电力营销—农网配电营业工（台区经理）—初级工—单选题—专业知识—中

真空断路器可能会发生的主要故障是（C）和操作机构的问题。

（A）储能失效；（B）真空度增大；（C）真空度降低；（D）真空度不变。

50. 电力营销—农网配电营业工（台区经理）—初级工—单选题—专业知识—中

雷雨天气巡视箱式变电站应（A）。

（A）穿绝缘靴；（B）穿普通绝缘鞋；（C）戴绝缘手套；（D）戴墨镜。

51. 电力营销—农网配电营业工（台区经理）—初级工—单选题—基础知识—难

用电负荷电流急剧变动造成系统电压降落超过允许值，这种现象称（C）。

（A）电压波动；（B）电压波形畸变；（C）电压闪变；（D）频率下降过半。

52. 电力营销—农网配电营业工（台区经理）—初级工—单选题—相关知识—难

低压配电系统的闭环接线方式供电可靠性（A）。

（A）较高；（B）很差；（C）较低；（D）一般。

53. 电力营销—农网配电营业工（台区经理）—初级工—单

选题—相关知识—难

闭环运行状态的保护整定（C）。

（A）较为简单；（B）十分简单；（C）相当复杂；（D）简单。

54. 电力营销—农网配电营业工（台区经理）—初级工—单选题—专业知识—难

电流互感器一次端子用 L_1、L_2 表示，二次端子用 K_1、K_2 表示，L_1 和 K_1 为同名端。当一次电流从 L_1 流向 L_2 时，二次侧电流（A）。

（A）从 K_1 经负荷流回 K_2；（B）从 K_2 流向 K_1；（C）从 K_2 经负荷流向 K_1；（D）从 K_1 向二次绕组内流至 K_2。

55. 电力营销—农网配电营业工（台区经理）—初级工—单选题—专业知识—难

隔离开关允许开闭电容电流的数值为（D）及以下者。

（A）2A；（B）3A；（C）4A；（D）5A。

56. 电力营销—农网配电营业工（台区经理）—初级工—单选题—基础知识—难

保护装置的动作应只切除故障设备，或使故障的停电范围量限制在最小范围，这符合继电保护（C）的基本要求。

（A）对外性；（B）快速性；（C）选择性；（D）可靠性。

57. 电力营销—农网配电营业工（台区经理）—初级工—单选题—专业知识—中

某导线，每小时通过其横截面的电量 Q 为 900C，则通过导线的电流是（B）mA。

（A）0.25；（B）250；（C）500；（D）900。

58. 电力营销—农网配电营业工（台区经理）—初级工—单选题—专业知识—中

一条粗细均匀的导线，电阻为48Ω，把它切成等长的（B）段并联起来，其总电阻变为3Ω。

（A）2；（B）4；（C）8；（D）16。

59. 电力营销—农网配电营业工（台区经理）—初级工—单选题—专业知识—中

三相电动机的定子绕组为星形连接，相电压为220V，功率因数是0.8，输入功率为3kW，线路上的电流是（B）。

（A）0.46A；（B）5.68A；（C）17.05A；（D）1250A。

60. 电力营销—农网配电营业工（台区经理）—初级工—单选题—专业知识—中

用表计测得交流电流是10A，那么电流最大值是（D）A。

（A）1.414；（B）10；（C）13.72；（D）14.14。

61. 电力营销—农网配电营业工（台区经理）—初级工—单选题—专业知识—中

截面积为5mm^2、长为200m的铁导线电阻是（B）Ω。（铁的电阻率$\rho=0.1\times10^{-6}\Omega\cdot m$）

（A）4×10^{-6}；（B）4；（C）8；（D）40。

62. 电力营销—农网配电营业工（台区经理）—初级工—单选题—专业知识—中

某三相电动机，每相的等效电阻为29Ω，等效的感抗为21.8Ω，功率因数为0.795，绕组接成Y形，接于380V的三相电源上，电动机所消耗的功率是（A）。

（A）3.2kW；（B）3200kW；（C）9.5kW；（D）9500kW。

63. 电力营销—农网配电营业工（台区经理）—初级工—单选题—专业知识—中

某用户室内装有并联的三盏电灯，经测量已知三只灯泡通过的电流分别是0.27A、0.18A和0.07A，那么该照明电路中的总

电流是（A）。

（A）0.52A；（B）23.6A；（C）236A；（D）520A。

64. 电力营销—农网配电营业工（台区经理）—初级工—单选题—专业知识—中

电动机容量10kW，如果每天工作8h，1个月的用电量是（B）。（按30天计）

（A）2240kWh；（B）2400kWh；（C）2480kWh；（D）7200kWh。

65. 电力营销—农网配电营业工（台区经理）—初级工—单选题—专业知识—中

某照明线路长100m，用$4mm^2$的铝导线，则导线的电阻是（C）。（电阻率$\rho=0.0283\times10^{-6}\Omega\cdot m$）

（A）0.7075Ω；（B）7.075Ω；（C）1.415Ω；（D）14.15Ω。

66. 电力营销—农网配电营业工（台区经理）—初级工—单选题—专业知识—中

一个电阻是44Ω，若通过电阻的电流是5A，那么电阻两端的电压是（C）。

（A）0.11V；（B）8.8V；（C）220V；（D）380V。

67. 电力营销—农网配电营业工（台区经理）—初级工—单选题—专业知识—中

某电炉炉丝电阻为10Ω，若接在220V电源中，则电流为（B）。

（A）10A；（B）22A；（C）220A；（D）2200A。

68. 电力营销—农网配电营业工（台区经理）—初级工—单选题—专业知识—中

某三相负载，有功功率为20kW，无功功率为15kvar，功率因数是（B）。

（A）0.6；（B）0.8；（C）0.85；（D）1。

69. 电力营销—农网配电营业工（台区经理）—初级工—单选题—专业知识—中

已知导体直流电阻换算到标称截面 $1mm^2$、长度 1m、温度 20℃时，铝芯线应不大于 $3.12\times10^{-5}\Omega$，那么截面为 $120mm^2$、长度为 1km 时的导体直流电阻是（B）。

（A）0.026Ω；（B）0.26Ω；（C）26Ω；（D）260Ω。

70. 电力营销—农网配电营业工（台区经理）—初级工—单选题—专业知识—中

在钢制件上攻 M16mm ×2mm 螺孔，底孔直径是（B）。

（A）12；（B）14；（C）15；（D）16。

71. 电力营销—农网配电营业工（台区经理）—初级工—单选题—专业知识—中

如果一个人的人体电阻为 1000Ω，假设通过这个人的电流为 50mA 时就会有生命危险，那么这个人能承受的最大安全工作电压为（C）。

（A）0.05V；（B）30V；（C）50V；（D）110V。

72. 电力营销—农网配电营业工（台区经理）—初级工—单选题—专业知识—中

用脉冲波法对一故障电缆进行测试，已知脉冲波在电缆中的传播速度为 160m/μs，当波的返回时间为 5.5μs 时，故障点的位置距始端是（A）。

（A）440m；（B）880m；（C）1000m；（D）1500m。

73. 电力营销—农网配电营业工（台区经理）—初级工—单选题—专业知识—中

有人站在干燥的木架上，手触摸到 220V 导线，那么此人脚的电位是（D），所受电压是（D），（D）触电。

（A）0，0，不会；（B）0，220V，会；（C）220V，0，会；（D）220V，0，不会。

74. 电力营销—农网配电营业工（台区经理）—初级工—单选题—专业知识—中

一居民用户电能表常数为3000r/kWh，测试负载有功功率为100W，电能表转盘转10r的时间应该是（A）。

（A）120s；（B）12s；（C）110s；（D）11s。

75. 电力营销—农网配电营业工（台区经理）—初级工—单选题—专业知识—中

某供电所2000年3月累计应收电费账款1250500.00元，其中应收上年结转电费500000.00元。至月末日，共实收电费980000.00元，则该时期累计电费回收率是（B）。

（A）85.3%；（B）78.4%；（C）68%；（D）40%。

76. 电力营销—农网配电营业工（台区经理）—初级工—单选题—专业知识—难

某工业用户10kV供电，有载调压变压器容量为160kVA，装有有功电能表和双向无功电能表各1块。已知某月该户有功电能表抄见电量为40000kWh，无功电能表抄见电量为正向25000kvarh、反向5000kvarh。该用户当月功率因数调整电费是（A）。（假设工业用电电价为0.25元/kWh）

（A）500元；（B）375元；（C）312元；（D）62.5元。

77. 电力营销—农网配电营业工（台区经理）—初级工—单选题—专业知识—中

一台单相电力变压器，额定容量为50kVA，额定电压为10kV/0.23kV，那么一、二侧的额定电流是（A）。

（A）5、217.39；（B）217.39、5；（C）5、220；（D）220、5。

78. 电力营销—农网配电营业工（台区经理）—初级工—单选题—专业知识—难

某变压器额定容量100kVA，额定电压 $U_{1N}=6300V$，$U_{2N}=400V$，Yy0接法，低压绕组的匝数为40匝，高压绕组匝数是

(B)。

(A) 400 匝；(B) 630 匝；(C) 650 匝；(D) 1000 匝。

第二节　中级工

1. 电力营销—农网配电营业工（台区经理）—中级工—单选题—基础知识—易

(A) 是电荷定向移动形成电流的原因。

(A) 电压；(B) 电流；(C) 功率；(D) 电阻。

2. 电力营销—农网配电营业工（台区经理）—中级工—单选题—基础知识—易

电流越大，磁场越 (A)。

(A) 强；(B) 弱；(C) 不变；(D) 不确定。

3. 电力营销—农网配电营业工（台区经理）—中级工—单选题—基础知识—易

直导体在磁场中运动，感应电动势方向、导体运动方向和磁场方向三者可用 (A) 确定。

(A) 右手定则；(B) 左手定则；(C) 右手螺旋定则；(D) 其他定则。

4. 电力营销—农网配电营业工（台区经理）—中级工—单选题—基础知识—易

80Mvar = (A) kvar。

(A) 80000；(B) 8000；(C) 80000000；(D) 80。

5. 电力营销—农网配电营业工（台区经理）—中级工—单选题—基础知识—易

纯电容在交流电路中的平均功率为 (A)。

(A) 0；(B) $U_C I_C$；(C) $0.707 U_C I$；(D) 1.73。

6. 电力营销—农网配电营业工（台区经理）—中级工—单选题—基础知识—易

电源电动势的方向与外电路电压方向（B）。

（A）相同；（B）相反；（C）不相干；（D）垂直。

7. 电力营销—农网配电营业工（台区经理）—中级工—单选题—基础知识—易

大小随时间连续变化的电信号为（C）。

（A）逻辑信号；（B）数字信号；（C）模拟信号；（D）脉冲信号。

8. 电力营销—农网配电营业工（台区经理）—中级工—单选题—基础知识—难

或门即为逻辑（B）。

（A）乘；（B）加；（C）减；（D）除。

9. 电力营销—农网配电营业工（台区经理）—中级工—单选题—基础知识—易

楞次定律的内容就是当线圈中的磁通增加时，电流通过线圈形成的磁场阻止其（D）。

（A）减少；（B）为零；（C）改变方向；（D）增加。

10. 电力营销—农网配电营业工（台区经理）—中级工—单选题—专业知识—易

用电设备的接地保护电阻值一般应小于或等于（A）Ω。

（A）4；（B）5；（C）15；（D）25。

11. 电力营销—农网配电营业工（台区经理）—中级工—单选题—专业知识—易

单相电度表的电压线圈（B）跨接在火线与零线之间。

（A）不可以；（B）需要；（C）串联负载；（D）不确定。

12. 电力营销—农网配电营业工（台区经理）—中级工—单选题—专业知识—易

10kV 线路用户受电端的电压偏差允许值为（B）。

（A）-5%～+5%；（B）-7%～+7%；（C）-5%～+10%；（D）-10%～+10%。

13. 电力营销—农网配电营业工（台区经理）—中级工—单选题—专业知识—易

电流互感器二次绕组所带负载的阻抗很（B），正常运行，它近似在（B）状态下运行。

（A）大，短路；（B）小，短路；（C）小，开路；（D）大，开路。

14. 电力营销—农网配电营业工（台区经理）—中级工—单选题—专业知识—易

配电变压器低压侧中性点接地是（C）。

（A）保护接地；（B）防雷接地；（C）工作接地；（D）防干扰接地。

15. 电力营销—农网配电营业工（台区经理）—中级工—单选题—专业知识—易

设备巡视种类一般分为定期巡视、（B）、夜间巡视、故障巡视和监察巡视。

（A）交接班巡视；（B）特殊巡视；（C）节假日巡视；（D）操作前巡视。

16. 电力营销—农网配电营业工（台区经理）—中级工—单选题—专业知识—易

当变压器二次侧短路，在一次侧施加电压，当一次侧的电流达到额定值时，所加的电压叫短路电压，产生的损耗，叫（A）。

（A）铜损；（B）铁损；（C）无功损耗；（D）总损耗。

17. 电力营销—农网配电营业工（台区经理）—中级工—单选题—专业知识—易

在变压器副边加压至额定值，原边的电压也达到额定值且开路，这时副边上的电流表指示为变压器的空载电流，它产生的损耗叫作变压器的（A）。

（A）铁损；（B）铜损；（C）附加损耗；（D）无功损耗。

18. 电力营销—农网配电营业工（台区经理）—中级工—单选题—专业知识—易

断路器型号ZWG－12表示（A）。

（A）户外真空断路器；（B）户外少油断路器；（C）户外多油断路器；（D）户外六氟化硫断路器。

19. 电力营销—农网配电营业工（台区经理）—中级工—单选题—专业知识—易

描述磁场中某一面上的磁场情况是（A）。

（A）磁通；（B）磁感应强度；（C）电场；（D）电场强度。

20. 电力营销—农网配电营业工（台区经理）—中级工—单选题—专业知识—易

电压表磁电型测量机构允许通过的电流（A）。

（A）很小；（B）很大；（C）一般；（D）较大。

21. 电力营销—农网配电营业工（台区经理）—中级工—单选题—专业知识—易

当变压器的一次侧线圈匝数增加，则二次侧电压输出（B）。

（A）升高；（B）降低；（C）不变；（D）不相关。

22. 电力营销—农网配电营业工（台区经理）—中级工—单选题—专业知识—易

变压器油25#是指（C）。

（A）序号；（B）温度；（C）结冰点为－25℃；（D）温升为

25℃。

23. 电力营销—农网配电营业工（台区经理）—中级工—单选题—专业知识—易

测量高电压数值的方法，首先要有电压互感器，即 PT 将电压按变比降低，然后用万用表的电压挡（量程在 100V 以上）测 PT 的二次侧，（A）得到一次侧电压值。

（A）乘 PT 的变比；（B）直读；（C）乘 100；（D）不能。

24. 电力营销—农网配电营业工（台区经理）—中级工—单选题—专业知识—难

电压互感器的辅助二次绕组接成开口三角形做小电流接地电网绝缘监察用，当开口电压稳定为 70V，说明该电网存在（B）。

（A）系统振荡；（B）单相不完全的金属性接地；（C）单相完全性金属接地；（D）正常运行的正常现象。

25. 电力营销—农网配电营业工（台区经理）—中级工—单选题—相关知识—易

3 ~ 15kV 有机物绝缘拉杆，绝缘电阻不低于 1200MΩ，要求每（B）年进行一次试验。

（A）半；（B）1；（C）2；（D）3。

26. 电力营销—农网配电营业工（台区经理）—中级工—单选题—相关知识—易

在 *RLC* 串联的交流电路中，电压的相位超前电流，则电路的负载性质为（A）。

（A）感性；（B）容性；（C）阻性；（D）不确定。

27. 电力营销—农网配电营业工（台区经理）—中级工—单选题相关知识—易

P 型半导体主要靠（A）导电。

（A）空穴；（B）自由电子；（C）离子、电子；（D）空穴、

离子。

28. 电力营销—农网配电营业工（台区经理）—中级工—单选题—相关知识—易

低压设备使用 1000V 以下摇表测绝缘电阻值，对于已经解除备用的低压设备（储能设备过了自放电时间并做放电处理）做对地绝缘测量时，被测物接于摇表（A）端，选接地良好的地方连在表的（A）端。

（A）L，E；（B）E，L；（C）L，G；（D）E，G。

29. 电力营销—农网配电营业工（台区经理）—中级工—单选题—相关知识—易

运行中的电能计量装置的普查，对于 10kV 客户每年不少于 2 次，对低压客户每年不少于（B）次。

（A）2；（B）4；（C）5；（D）1。

30. 电力营销—农网配电营业工（台区经理）—中级工—单选题—相关知识—易

摇表测电容的绝缘电阻时应在转动的情况下，将 L 端移开电容，是为了防止（A）。

（A）反击；（B）烧坏电容；（C）测量不准；（D）其他。

31. 电力营销—农网配电营业工（台区经理）—中级工—单选题—基础知识—难

铝绞线和钢芯铝绞线的保证拉断力不应低于计算拉断力的（B）。

（A）100%；（B）95%；（C）90%；（D）85%。

32. 电力营销—农网配电营业工（台区经理）—中级工—单选题—基础知识—中

电压 U 和电流 I 的乘积 UI 虽有功率的量纲，但并不是电路实际消耗的功率，所以称之为（C）。

（A）有功功率；（B）额定功率；（C）视在功率；（D）无功功率。

33. 电力营销—农网配电营业工（台区经理）—中级工—单选题—基础知识—难

某三相三线电路，其中两相电流均为10A，则另一相电流为（B）。

（A）20A；（B）10A；（C）0；（D）$10\times\sqrt{3}$A。

34. 电力营销—农网配电营业工（台区经理）—中级工—单选题—基础知识—易

1kV及以下配电装置及馈电线路的绝缘电阻值不应小于（B）MΩ。

（A）0.2；（B）0.5；（C）1.0；（D）1.5。

35. 电力营销—农网配电营业工（台区经理）—中级工—单选题—专业知识—易

在同等深度下，桩锚与地锚相比，其承载能力（B）。

（A）大；（B）小；（C）相同；（D）差不多。

36. 电力营销—农网配电营业工（台区经理）—中级工—单选题—专业知识—易

供电方案主要是解决（B）对用户供多少、怎么供的问题。

（A）电力管理部门；（B）供电企业；（C）变电所；（D）发电厂。

37. 电力营销—农网配电营业工（台区经理）—中级工—单选题—专业知识—易

电杆组立时，双杆立好后应正直，其迈步不应大于（C）mm。

（A）50；（B）40；（C）30；（D）20。

38. 电力营销—农网配电营业工（台区经理）—中级工—单选题—相关知识—易

电费实抄率、差错率和电费回收率是电费管理的主要（A）。

（A）考核指标；（B）考核标准；（C）考核项目；（D）考核额定。

39. 电力营销—农网配电营业工（台区经理）—中级工—单选题—相关知识—难

电费回收是电费管理工作的最后一个环节，关系到国家电费及时上缴、供电企业经济效益和电力工业再生产的（C）。

（A）生产发展；（B）正确管理；（C）资金周转；（D）利润指标。

40. 电力营销—农网配电营业工（台区经理）—中级工—单选题—相关知识—易

在计量屏上的电能表间的间距应不小于（B）cm。

（A）5；（B）10；（C）15；（D）20。

41. 电力营销—农网配电营业工（台区经理）—中级工—单选题—基本技能—易

杆塔的接地装置连接应可靠，当使用扁钢采用搭接焊接时搭接长度应为其宽度的（B）倍，并四面焊接。

（A）1.5；（B）2；（C）3；（D）4。

42. 电力营销—农网配电营业工（台区经理）—中级工—单选题—基本技能—难

线夹安装完毕后，悬垂绝缘子串应垂直地面，个别情况，其倾角不应超过（B）。

（A）10°；（B）5°；（C）15°；（D）20°。

43. 电力营销—农网配电营业工（台区经理）—中级工—单选题—基本技能—易

混凝土电杆立好后应正直，其倾斜不允许超过杆梢直径的（A）。

（A）1/2；（B）1/3；（C）2/3；（D）1/4。

44. 电力营销—农网配电营业工（台区经理）—中级工—单选题—基本技能—中

兆欧表测量绝缘电阻时，应将G端子（C）。

（A）接地；（B）接测试点；（C）接泄漏电流经过的表面；（D）任意接一端。

45. 电力营销—农网配电营业工（台区经理）—中级工—单选题—基本技能—中

在用钳形表测量三相三线电能表的电流时，假定三相平衡，若将两根相线同时放入钳形表钳口中测量的读数为20A，则实际每相流过的电流为（B）A。

（A）$20\sqrt{3}$；（B）20；（C）$20/\sqrt{3}$；（D）10。

46. 电力营销—农网配电营业工（台区经理）—中级工—单选题—基本技能—中

使用导线放线滑轮紧线时，滑轮的槽底直径应不小于导线直径的（B）倍。

（A）15；（B）16；（C）17；（D）20。

47. 电力营销—农网配电营业工（台区经理）—中级工—单选题—专业技能—易

接地体若为圆钢，若采用搭接焊接，应双面施焊，其搭接长度为圆钢直径的（B）倍。

（A）4；（B）6；（C）8；（D）2。

48. 电力营销—农网配电营业工（台区经理）—中级工—单选题—专业技能—易

一般放线过程中，若钢芯铝绞线在同一处损伤断股截面超过

铝股部分总截面25%时，应采用（C）进行处理。

（A）缠绕法；（B）补修法；（C）切断重接法；（D）抛光法。

49. 电力营销—农网配电营业工（台区经理）—中级工—单选题—专业技能—中

观测弧垂时，若紧线段为12档以上时，应同时选择（D）观测弧垂。

（A）2档；（B）靠近两端各选1档；（C）中间选2档；（D）靠近两端及中间的3~4档。

50. 电力营销—农网配电营业工（台区经理）—中级工—单选题—专业技能—易

临时拉线打双结扣的目的是（B）。

（A）平衡杆塔；（B）起到自紧、调节作用；（C）易拆除；（D）施工安全。

51. 电力营销—农网配电营业工（台区经理）—中级工—单选题—专业技能—中

在穿心式互感器的接线中，一次相线如果在互感器上绕4匝，则互感器的实际变比将是额定变比的（C）。

（A）4倍；（B）5倍；（C）1/4倍；（D）1/5倍。

52. 电力营销—农网配电营业工（台区经理）—中级工—单选题—相关技能—中

电气设备和电动工具应用橡胶电缆，外壳必须（A）。

（A）接地；（B）接零；（C）绝缘；（D）保护。

53. 电力营销—农网配电营业工（台区经理）—中级工—单选题—相关技能—难

某观测档距已选定，但弧垂最低点低于两杆塔基部连线，架空线悬挂点高差大，档距也大，应选择的观测方法是（D）。

（A）异长法；（B）等长法；（C）角度法；（D）平视法。

54. 电力营销—农网配电营业工（台区经理）—中级工—单选题—相关技能—易

干粉灭火器以（D）为动力，将灭火器内的干粉灭火剂喷出进行灭火。

（A）液态二氧化碳；（B）氮气；（C）干粉灭火剂；（D）液态二氧化碳或氮气。

55. 电力营销—农网配电营业工（台区经理）—中级工—单选题—专业技能—中

在有坡度的电缆沟内安装的电缆支架，应有与电缆沟（B）的坡度。

（A）不同；（B）相同；（C）水平；（D）水平或垂直。

56. 电力营销—农网配电营业工（台区经理）—中级工—单选题—专业技能—中

一根电缆管允许穿入（D）电力电缆。

（A）4 根；（B）3 根；（C）2 根；（D）1 根。

57. 电力营销—农网配电营业工（台区经理）—中级工—单选题—基础知识—易

单相变压器的一次侧电压为3000V，其变压比为15，二次侧电压为（C）。

（A）20V；（B）110V；（C）200V；（D）380V。

58. 电力营销—农网配电营业工（台区经理）—中级工—单选题—专业知识—难

对某安全用具试验需要用42kV试验电压，采用工频交流50Hz的频率，经测定被试品的电容为0.005μF，试验所需的电源容量为（A）。

（A）2.77kVA；（B）2770kVA；（C）4.41kVA；（D）4410kVA。

59. 电力营销—农网配电营业工（台区经理）—中级工—单

选题—基础知识—中

把一块电磁铁接到220V、50Hz的电源上，只有当电流达15A以上时才能吸住电磁铁。已知线圈的电阻为8Ω，线圈电阻不能大于（B）。

（A）8Ω；（B）12.3Ω；（C）14.7Ω；（D）24Ω。

60. 电力营销—农网配电营业工（台区经理）—中级工—单选题—基础知识—易

一个220V的中间继电器，线圈电阻为6.8kΩ，运行时需串联2kΩ的电阻，那么该电阻的功率是（B）。

（A）0.25W；（B）1.25W；（C）50W；（D）1250W。

61. 电力营销—农网配电营业工（台区经理）—中级工—单选题—专业知识—中

有一线圈，若将它接在220V、50Hz的交流电源上，测得通过线圈的电流为5A。则线圈的电感为（A）。

（A）0.14H；（B）44H；（C）140H；（D）1.4×10^{5}H。

62. 电力营销—农网配电营业工（台区经理）—中级工—单选题—基础知识—中

有一线圈电感6.3H，电阻200Ω，外电源200V工频交流电，则通过线圈的电流是（A）。

（A）0.11A；（B）1.1A；（C）11A；（D）1.98A。

63. 电力营销—农网配电营业工（台区经理）—中级工—单选题—基础知识—中

蓄电池组的电源电压为6V，将2.9Ω电阻接在它两端，测出电流为2A，它的内阻是（D）。

（A）3Ω；（B）2.9Ω；（C）1Ω；（D）0.1Ω。

64. 电力营销—农网配电营业工（台区经理）—中级工—单选题—基础知识—易

已知一电阻电路，电阻两端电压为48V，电阻为20Ω，流过电阻的电流是（A）。

（A）2.4A；（B）24A；（C）4.8A；（D）48A。

65. 电力营销—农网配电营业工（台区经理）—中级工—单选题—基础知识—易

已知一直流电源，接一个电阻负载，电动势为240V，电源电动势的内阻为5Ω，负载两端电压为200V，则电路的电流是（C）。

（A）48A；（B）40A；（C）4A；（D）2A。

66. 电力营销—农网配电营业工（台区经理）—中级工—单选题—基础知识—易

已知两个电阻串联，电阻 R_1 为6Ω，R_2 为4Ω，总电压为100V，那么电阻 R_1、R_2 上的电压分别为（A）。

（A）40V，60V；（B）60V，40V；（C）100V，100V；（D）50V，50V。

67. 电力营销—农网配电营业工（台区经理）—中级工—单选题—基础知识—中

用一支内电阻1800Ω，量程150V的电压表，测量600V的电压，则必须串联上（D）的电阻。

（A）455Ω；（B）1363Ω；（C）1807Ω；（D）5422Ω。

68. 电力营销—农网配电营业工（台区经理）—中级工—单选题—基础知识—易

已知两个电阻并联的电路中，电阻 R_1 为30Ω，R_2 为70Ω，并联后的等效电阻值为（D）。

（A）0.05Ω；（B）0.3Ω；（C）0.7Ω；（D）21Ω。

69. 电力营销—农网配电营业工（台区经理）—中级工—单选题—基础知识—易

在两个电阻并联的电路中，$R_1=60\Omega$，$R_2=40\Omega$，$I_{总}=2A$；那么 I_1 和 I_2 分别是（A）。

（A）0.8A，1.2A；（B）1.2A，0.8A；（C）0A，2A；（D）2A，0A。

70. 电力营销—农网配电营业工（台区经理）—中级工—单选题—基础知识—易

一个 1.5V、0.2A 的小灯泡，接到 4.5V 的电源上，应串联（B）降压电阻，才能使小灯泡正常发光。

（A）7.5Ω；（B）15Ω；（C）22.5Ω；（D）30Ω。

71. 电力营销—农网配电营业工（台区经理）—中级工—单选题—专业知识—中

某变压器35kV 侧中性点装设了一台消弧线圈，在35kV 系统发生单相接地时补偿电流为20A，这台消弧线圈的感抗是（A）。

（A）1Ω；（B）1.75Ω；（C）20.2Ω；（D）35Ω。

72. 电力营销—农网配电营业工（台区经理）—中级工—单选题—专业知识—易

某厂有一台 10kV/0.4kV、800kVA 的三相电力变压器停运后，用2500V 绝缘电阻表摇测绕组的绝缘情况，测得 15s 时绝缘电阻为 710MΩ，在 60s 时绝缘电阻为 780MΩ，则吸收比是（C），表明变压器（C）。

（A）0.91，受潮；（B）0.91，没有受潮；（C）1.1，受潮；（D）1.1，没有受潮。

73. 电力营销—农网配电营业工（台区经理）—中级工—单选题—基础知识—中

欲使 200mA 的电流流过一个 85Ω 的电阻，在该电阻的两端需要施加（D）的电压。

（A）0.29V；（B）0.425V；（C）2.35V；（D）17V。

第三节　高级工

1. 电力营销—农网配电营业工（台区经理）—高级工—单选题—基础知识—中

在电流强度的计算中，若计算结果为正值，则说明电流的实际方向与参考方向（B）。

（A）不一致；（B）一致；（C）不确定；（D）垂直。

2. 电力营销—农网配电营业工（台区经理）—高级工—单选题—基础知识—中

一个满偏电流为100μA、内电阻为1kΩ的表头，欲使它的量程扩大为10mA，需并联（A）Ω电阻。

（A）10.1；（B）101；（C）1010；（D）10100。

3. 电力营销—农网配电营业工（台区经理）—高级工—单选题—基础知识—中

纯电容在交流电路中电流超前电压（A）°。

（A）90；（B）120；（C）180；（D）0。

4. 电力营销—农网配电营业工（台区经理）—高级工—单选题—专业知识—中

当输入的电压、电流到达整定值时，信号即被采集、存储、比较、识别，并由CPU发出命令送至（A），作用于断路器跳闸。

（A）执行元件；（B）测量元件；（C）时间元件；（D）存储元件。

5. 电力营销—农网配电营业工（台区经理）—高级工—单选题—专业知识—中

有电流互感器接入时，应保证正常运行中的实际负荷达到额定值的60%左右，至少不应小于（A）。

（A）30%；（B）20%；（C）50%；（D）10%。

6. 电力营销—农网配电营业工（台区经理）—高级工—单选题—专业知识—中

电流表线圈的导线截面（A），匝数（A），电阻则（A）；电压表相反。

（A）大、少、小；（B）小、多、大；（C）大、大、小；（D）小、小、小。

7. 电力营销—农网配电营业工（台区经理）—高级工—单选题—专业知识—中

一块 D19－W 型功率表额定电流为 5A/10A，额定电压为 150V/300V，则此表有（A）个量限。

（A）3；（B）4；（C）2；（D）1。

8. 电力营销—农网配电营业工（台区经理）—高级工—单选题—专业知识—中

一块无功电度表，本月读数为 1102.21，上月底数为1042.51，电流互感器变比为 100A/5A，电压互感器变比为 10000V/100V，那么它的月无功电量为（A）kWh。

（A）119400；（B）1194；（C）5970；（D）59.7。

9. 电力营销—农网配电营业工（台区经理）—高级工—单选题—专业知识—中

配电变压器副边中性点的接地电阻一般应小于等于（A）Ω。

（A）4；（B）5；（C）15；（D）25。

10. 电力营销—农网配电营业工（台区经理）—中级工—单选题—专业知识—易

100kVA 以下的变压器高压侧的跌落式熔断器熔丝按变压器原边额定电流的（A）倍选择，一般不小于（A）。

（A）2～3，10A；（B）1～2，5A；（C）3～4，10A；（D）1～2，20A。

11. 电力营销—农网配电营业工（台区经理）—高级工—单选题—专业知识—中

配电网无功补偿方式主要有5种，它们分别是高压集中补偿、低压集中补偿、线路补偿、随机补偿和（A）。

（A）随器补偿；（B）固定补偿；（C）多组补偿；（D）分散补偿。

12. 电力营销—农网配电营业工（台区经理）—高级工—单选题专业知识—中

电容器在正常运行时的温升不高，一般不超过（D）℃，若温升很高可能是内部有故障。

（A）30；（B）15；（C）40；（D）20。

13. 电力营销—农网配电营业工（台区经理）—高级工—单选题—专业知识—中

未装任何补偿装置的线路功率因数叫（A）。

（A）自然功率因数；（B）总功率因数；（C）瞬时功率因数；（D）平均功率因数。

14. 电力营销—农网配电营业工（台区经理）—高级工—单选题—专业知识—中

为了避免铁芯的磁环流、发热损耗，甚至铁芯烧坏，必须使变压器的铁芯（A）接地。

（A）一点；（B）两点；（C）多点；（D）不能。

15. 电力营销—农网配电营业工（台区经理）—高级工—单选题—专业知识—中

接地种类可分为工作接地、（A）、防雷接地、防静电接地、防干扰接地。

（A）保护接地；（B）中性点接地；（C）屏蔽接地；（D）间隙接地。

16. 电力营销—农网配电营业工（台区经理）—高级工—单选题—专业知识—中

电流互感器二次的额定电流为（A）。

（A）5A；（B）10A；（C）20A；（D）2A。

17. 电力营销—农网配电营业工（台区经理）—高级工—单选题—专业知识—中

高压计量时，需要用电压互感器将高压变为低压，其额定值为（A）V，用于表计计量。

（A）100；（B）200；（C）1000；（D）50。

18. 电力营销—农网配电营业工（台区经理）—高级工—单选题—专业知识—中

互感器二次绕组一端接地是（A）。

（A）保护接地；（B）工作接地；（C）防盗功能；（D）防雷作用。

19. 电力营销—农网配电营业工（台区经理）—高级工—单选题—专业知识—中

隔离开关可以开闭励磁电流不超过（A）的空载变压器和电容电流不超过（A）的架空线路。

（A）2A，5A；（B）5A，10A；（C）10A，5A；（D）2A，10A。

20. 电力营销—农网配电营业工（台区经理）—高级工—单选题—专业知识—中

全站停电操作前应（A）断开电容器组，全站恢复送电时应（A）合上电容器组。

（A）先，后；（B）后，先；（C）先，先；（D）后，后。

21. 电力营销—农网配电营业工（台区经理）—高级工—单选题—专业知识—中

在 HY5WS2－17/50 产品型号中，标称放电电流为（A）标称放电电流下的残压为（A）。

（A）5kA，50kV；（B）2kA，17kV；（C）1.5kA，10kV（D）5kA，17kV。

22. 电力营销—农网配电营业工（台区经理）—高级工—单选题—相关知识—中

两票“三制”中，“两票”是指工作票、操作票，“三制”是指交接班制度、巡回检查制度和（A）。

（A）设备定期试验、轮换制度；（B）倒闸操作制度；（C）设备定期保养制度；（D）调度命令制度。

23. 电力营销—农网配电营业工（台区经理）—高级工—单选题—相关知识—中

金属导体温度升高时电阻（B）。

（A）变小；（B）变大；（C）不变；（D）零。

24. 电力营销—农网配电营业工（台区经理）—高级工—单选题—相关知识—中

数字电路是把（A）的产生、放大、整形、传递、控制、记忆、计数反映出来的电路。

（A）信号；（B）控制；（C）二极管；（D）逻辑。

25. 电力营销—农网配电营业工（台区经理）—高级工—单选题—相关知识—中

无载调压的配电变压器原边一般有（A）个抽头。

（A）3；（B）5；（C）6；（D）1。

26. 电力营销—农网配电营业工（台区经理）—高级工—单选题—相关知识—中

配电变压器检修周期中，大修为（A）年一次，小修为（A）年一次。

（A）5～10，1；（B）3，2；（C）15，3；（D）2～3，2。

27. 电力营销—农网配电营业工（台区经理）—高级工—单选题—相关知识—中

当三极管的基极电流一定时，集电极与发射极之间的电压与集电极电流 I_c 之间的关系曲线为三极管的（A）。

（A）输出特性；（B）输入特性；（C）放大特性；（D）电阻特性。

28. 电力营销—农网配电营业工（台区经理）—高级工—单选题—相关知识—中

动力配电箱安装要做好箱体接地，接地电阻应不大于（A）Ω。

（A）4；（B）8；（C）15；（D）20。

29. 电力营销—农网配电营业工（台区经理）—高级工—单选题—相关知识—中

变压器的瓦斯继电器安装时，外壳的箭头指向（A）。

（A）油枕；（B）器身；（C）套管；（D）分接开关。

30. 电力营销—农网配电营业工（台区经理）—高级工—单选题—专业知识—易

接地体电阻的大小与（D）。

（A）结构形状有关；（B）土壤电阻率有关；（C）气候环境条件有关；（D）结构形状、土壤电阻率和气候环境条件都有关。

31. 电力营销—农网配电营业工（台区经理）—高级工—单选题—基础知识—易

由一次设备相互连接，构成发电、输电、配电或进行其他生产的电气回路称为（B）。

（A）二次回路；（B）一次回路；（C）直流回路；（D）控制回路。

32. 电力营销—农网配电营业工（台区经理）—高级工—单选题—基础知识—难

二次回路的编号根据（C）的原则进行。

（A）相同设备；（B）相同回路；（C）等电位；（D）电流路径。

33. 电力营销—农网配电营业工（台区经理）—高级工—单选题—基础知识—难

电气施工图中的（A）最为重要，是电气线路安装工程主要图纸。

（A）平面图和系统图；（B）图纸目录；（C）施工总平面图；（D）二次接线图。

34. 电力营销—农网配电营业工（台区经理）—高级工—单选题—专业知识—难

能经常保证安全供电的，仅个别的、次要的元件有一般缺陷的电气设备属于（B）设备。

（A）一类；（B）二类；（C）三类；（D）四类。

35. 电力营销—农网配电营业工（台区经理）—高级工—单选题—专业知识—中

对于各种类型的绝缘导线，其允许工作温度为（C）。

（A）45℃；（B）55℃；（C）65℃；（D）75℃。

36. 电力营销—农网配电营业工（台区经理）—高级工—单选题—专业知识—易

垂直接地体的间距不宜小于其长度的（B）。

（A）1倍；（B）2倍；（C）3倍；（D）4倍。

37. 电力营销—农网配电营业工（台区经理）—高级工—单选题—专业知识—难

《供用电合同》是供电企业与用户之间就电力供应与使用等

问题经过协商建立供用电关系的一种（A）。

（A）法律文书；（B）方法；（C）责任；（D）内容。

38. 电力营销—农网配电营业工（台区经理）—高级工—单选题—专业知识—难

10kV 电流互感器应将（D）端子接地。

（A）L_1；（B）L_2；（C）K_1；（D）K_2。

39. 电力营销—农网配电营业工（台区经理）—高级工—单选题—专业知识—易

电压互感器的 Ynyn 接线法广泛地应用于（C）系统。

（A）中性点不接地；（B）经消弧线圈接地；（C）大电流接地；（D）经小电流接地。

40. 电力营销—农网配电营业工（台区经理）—高级工—单选题—专业知识—易

电压互感器的二次侧 Vv 接线在（B）相接地。

（A）U；（B）V；（C）W；（D）N。

41. 电力营销—农网配电营业工（台区经理）—高级工—单选题—专业知识—难

电能测量Ⅰ象限时，输入有功功率 *P*，输入无功功率 *Q*，客户为（A）。

（A）阻感性负荷；（B）欠励磁发电机；（C）过励磁发电机；（D）阻容性负荷。

42. 电力营销—农网配电营业工（台区经理）—高级工—单选题—专业知识—难

电能测量Ⅱ象限时，输出有功功率 *P*，输入无功功率 *Q*，客户为（B）。

（A）阻感性负荷；（B）欠励磁发电机；（C）过励磁发电机；（D）阻容性负荷。

43. 电力营销—农网配电营业工（台区经理）—高级工—单选题—专业知识—难

电能测量Ⅲ象限时，输出有功功率 *P*，输出无功功率 *Q*，客户为（C）。

（A）阻感性负荷；（B）欠励磁发电机；（C）过励磁发电机；（D）阻容性负荷。

44. 电力营销—农网配电营业工（台区经理）—高级工—单选题—专业知识—难

电能测量Ⅳ象限时，输入有功功率 *P*，输出无功功率 *Q*，客户为（D）。

（A）阻感性负荷；（B）欠励磁发电机；（C）过励磁发电机；（D）阻容性负荷。

45. 电力营销—农网配电营业工（台区经理）—高级工—单选题—专业知识—难

用电检查人员在执行用电检查任务时，应遵守用户的保卫秘密规定，不得在检查现场（C）用户进行电工作业。

（A）命令；（B）指挥；（C）替代；（D）要求。

46. 电力营销—农网配电营业工（台区经理）—高级工—单选题—相关知识—中

对供电企业一般是以售电量、供电损失及供电单位成本作为主要（B）进行考核的。

（A）电费回收率；（B）经济指标；（C）线损率；（D）售电单价。

47. 电力营销—农网配电营业工（台区经理）—高级工—单选题—相关知识—难

是否采用高压供电是根据供用电的安全，用户的用电性质、用电量以及当地电网的（C）确定的。

（A）供电量；（B）供电线路；（C）供电条件；（D）供电电

压。

48. 电力营销—农网配电营业工（台区经理）—高级工—单选题相关知识—易

盘型悬式绝缘子运行机械强度安全系数不应小于（B）。

（A）3.5；（B）4.0；（C）4.5；（D）5.0。

49. 电力营销—农网配电营业工（台区经理）—高级工—单选题—相关知识—难

架空配电线路各相间弧垂允许偏差最大值为（A）mm。

（A）50；（B）100；（C）150；（D）200。

50. 电力营销—农网配电营业工（台区经理）—高级工—单选题—基本技能—难

测量带电线路的对地距离可用（A）测量。

（A）绝缘绳；（B）皮尺；（C）线尺；（D）目测。

51. 电力营销—农网配电营业工（台区经理）—高级工—单选题—基本技能—中

使用兆欧表时，注意事项错误的是（C）。

（A）兆欧表用线应用绝缘良好的单根线；（B）禁止在有感应电可能产生的环境中测量；（C）在测量电容等大电容设备时，读数后应先停止摇动，再拆线；（D）使用前应先检查兆欧表的状态。

52. 电力营销—农网配电营业工（台区经理）—高级工—单选题基本技能—中

绝缘层损伤深度在（D）mm及以上时应进行绝缘修补。

（A）0.2；（B）0.3；（C）0.4；（D）0.5。

53. 电力营销—农网配电营业工（台区经理）—高级工—单选题—专业技能—中

低压三相四线制线路中，在三相负荷对称情况下，A、C 相电压接线互换，则电能表（A）。

（A）停转；（B）反转；（C）正常；（D）烧表。

54. 电力营销—农网配电营业工（台区经理）—高级工—单选题—专业技能—易

二次 V 形接线的高压电压互感器二次侧应（B）接地。

（A）A 相；（B）B 相；（C）C 相；（D）任意相。

55. 电力营销—农网配电营业工（台区经理）—高级工—单选题—专业技能—易

二次 Y 形接线的高压电压互感器二次侧应（D）接地。

（A）A 相；（B）B 相；（C）C 相；（D）中性线。

56. 电力营销—农网配电营业工（台区经理）—高级工—单选题—专业技能—易

盘、柜内的配线电流回路应采用电压不低于 500V 的铜芯绝缘线，其截面不应小于（D）mm^2。

（A）1；（B）2；（C）2.5；（D）4。

57. 电力营销—农网配电营业工（台区经理）—高级工—单选题—专业技能—易

盘、柜单独或成列安装时，其垂直度（每米）的允许偏差应小于（B）mm。

（A）1；（B）1.5；（C）2；（D）2.5。

58. 电力营销—农网配电营业工（台区经理）—高级工—单选题—专业技能—易

用户安装最大需量表的准确度不应低于（C）级。

（A）3.0；（B）2.0；（C）1.0；（D）0.5。

59. 电力营销—农网配电营业工（台区经理）—高级工—单

选题—专业技能—易

在紧线观测弧垂过程中，如现场温度变化超过（A）℃时，必须调整弧垂观测值。

（A）5；（B）10；（C）15；（D）3。

60. 电力营销—农网配电营业工（台区经理）—高级工—单选题—基本技能—中

单臂电桥测量电阻的工作范围是（B）。

（A）10～10000Ω；（B）1～100000Ω；（C）1～10000Ω；（D）10～100000Ω

61. 电力营销—农网配电营业工（台区经理）—高级工—单选题—专业技能—易

采用三点式的点压方法压接电缆线芯，其压制次序为（B）。

（A）先中间后两边；（B）先两边后中间；（C）从左至右；（D）任意进行。

62. 电力营销—农网配电营业工（台区经理）—高级工—单选题—相关技能—中

两只单相电压互感器Vv接法，测得 $U_{uv}=U_{uw}=100V$，$U_{vw}=173V$，则可能是（D）。

（A）一次侧A相熔丝烧断；（B）一次侧B相熔丝烧断；（C）二次侧熔丝烧断；（D）一只互感器极性接反。

63. 电力营销—农网配电营业工（台区经理）—高级工—单选题—相关技能—中

对实行远程抄表及（预）购电卡表用户，至少（C）个抄表周期到现场对用户用电计量装置记录的数据进行核抄。

（A）1；（B）2；（C）3；（D）6。

64. 电力营销—农网配电营业工（台区经理）—高级工—单选题—相关技能—中

现浇混凝土铁塔基础（B）项目检查中为重要项目。

（A）钢筋规格数量；（B）钢筋保护层厚度；（C）混凝土强度；（D）底板断面尺寸。

65. 电力营销—农网配电营业工（台区经理）—高级工—单选题—基础知识—中

一对称三相感性负载，接在380V的电源上，如图1－1所示，送电后测得线电流为35A，三相负载功率为6kW，则负载的电抗是（C）。

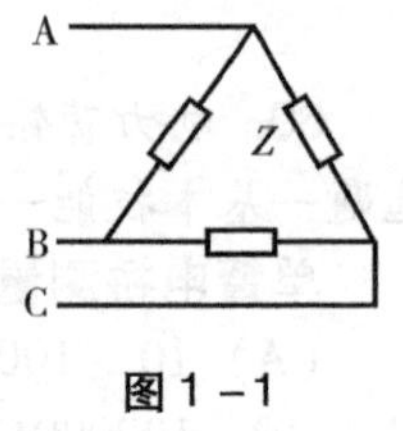

图1－1

（A）2.86Ω；（B）4.89Ω；（C）18.2Ω；（D）18.81Ω。

66. 电力营销—农网配电营业工（台区经理）—高级工—单选题—基础知识—中

某一变电所一照明电路中保险丝的熔断电流为3A，现将10盏额定电压为220V，额定功率为40W的电灯同时接入该电路中，则熔断器（A），如果是10盏额定功率为100W的电灯同时接入的情况下，熔断器（A）。

（A）不会熔断，会熔断；（B）会熔断，不会熔断；（C）不会熔断，不会熔断；（D）会熔断，会熔断。

67. 电力营销—农网配电营业工（台区经理）—高级工—单选题—基础知识—难

电动机功率为1.1kW，接在220V的电源上，工作电流为10A，电动机的功率因数是（D），若电动机两端并联上一只79.5μF的电容器，则电动机的功率因数是（D）。

（A）0.5，0.634；（B）0.634，0.5；（C）0.84，0.5；（D）0.5，0.84。

68. 电力营销—农网配电营业工（台区经理）—高级工—单选题—专业知识—中

某客户2001年4月计费电量100000kWh，其中峰段电量

20000kWh，谷段电量50000kWh。客户所在供电区域实行峰段电价为平段电价的160%，谷段电价为平段电价的40%的分时电价政策。该客户4月份电量电费因执行分时电价少支出（B）。

（A）15%；（B）18%；（C）40%；（D）50%。

69. 电力营销—农网配电营业工（台区经理）—高级工—单选题—专业知识—中

某大工业用户由10kV线路供电，高压侧产权分界点处计量，装有500kVA变压器1台，该用户3月、4月各类表计的止码见表1-1。假设大工业用户的电度电价为0.32元/kWh，基本电费电价为10元/（kVA·月），电价系数高峰为160%，低谷为40%，该户4月份电费为（D）元。

表1-1　表码登记表（单位：元）

	3月	4月	倍率
有功总表	712	800	400
高峰总表	250	277	400
低谷总表	125	149	400
无功总表	338	366	400

（A）5529.60；（B）1228.80；（C）4736；（D）16370.69。

70. 电力营销—农网配电营业工（台区经理）—高级工—单选题—专业知识—中

某工业用户，当月有功电量为10000kWh，三相负荷基本平衡，开箱检查发现三相四线有功电能表一相电压线断线，应补收电量是（B）。

（A）0；（B）5000kWh；（C）10000kWh；（D）无法确定。

71. 电力营销—农网配电营业工（台区经理）—高级工—单选题—专业知识—中

某居民用户反映电能表不准，检查人员查明这块电能表准确等级为2.0，电能表常数为3600r/kWh，当用户点一盏60W灯泡时，用秒表测得电表转6r用电时间为1min。该表的相对误差为（A），由此判断该表是（A）。

（A）66.7%，转快了；（B）66.7%，转慢了；（C）60%，转快了；（D）60%，转慢了。

72. 电力营销—农网配电营业工（台区经理）—高级工—单选题—专业知识—难

某工业用户变压器容量为500kVA，装有有功电能表和双向无功电能表各1块。已知某月该户有功电能表抄见电量为40000kWh，无功电能抄见电量为正向25000kvarh，反向5000kvarh。该户当月功率因数调整电费为（D）。［假设工业用户电价为0.25元/kWh，基本电费电价为10元/（kVA·月）］

（A）150元；（B）300元；（C）450元；（D）750元。

73. 电力营销—农网配电营业工（台区经理）—高级工—单选题—基础知识—中

某工业用户为单一制电价用户，并与供电企业在供用电合同中签订有电力运行事故责任条款。7月份由于供电企业运行事故造成该用户停电30h，已知该用户6月正常用电电量为30000kWh，电度电价为0.40元/kWh。供电企业应赔偿该用户（C）。

（A）1000元；（B）1500元；（C）2000元；（D）3000元。

74. 电力营销—农网配电营业工（台区经理）—高级工—单选题—专业知识—中

某企业装有35kW电动机一台，三班制生产，居民生活区总用电容量为8kW，办公用电总容量14kW，未装分表。根据企业用电负荷，该用户用电比例是（B）。

（A）工业84%，居民生活11.2%，非居民照明4.8%；（B）工业84%，居民生活4.8%，非居民照明11.2%；（C）工业61%，居民生活14%，非居民照明24%；（D）工业61%，居民生活24%，非居民照明14%。

75. 电力营销—农网配电营业工（台区经理）—高级工—单选题—基础知识—中

如图1－2所示电路中，已知 $V_a=50V$，$V_b=-40V$，$V_o=30V$，则 U_{ab} 为（D）。

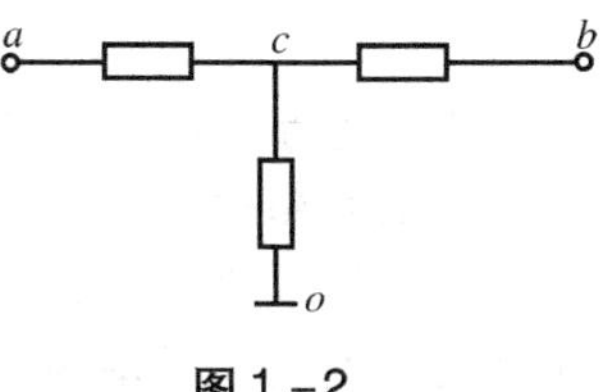

图1－2

（A）－70V；（B）－40V；（C）－50V；（D）90V。

76. 电力营销—农网配电营业工（台区经理）—高级工—单选题—基础知识—中

已知一个 R、L 串联电路，其电阻和感抗均为10Ω，在线路上加100V交流电压时，电流是（A），电流电压的相位差是（A）。

（A）7.1A，45°；（B）5A，45°；（C）7.1A，30°；（D）5A，30°。

77. 电力营销—农网配电营业工（台区经理）—高级工—单选题—专业知识—中

某三相变压器的二次侧电压400V，电流250A，功率因数0.866，这台变压器的有功功率为（A），无功功率为（A），视在功率为（A）。

（A）150kW，86.6kVA，173.2kVA；（B）86.6kW，50.5kVA，100kVA；（C）150kW，50.5kVA，100kVA；（D）86.6kW，50.5kVA，173.2kVA。

78. 电力营销—农网配电营业工（台区经理）—高级工—单选题—专业知识—难

有一台三相电动机绕组，接成三角形后接于线电压380V的电源上，电源供给的有功功率8.2kW，功率因数为0.83，则电动机的相、线电流是（A）。

（A）8.6A，15A；（B）8.6A，8.6A；（C）15A，15A；

（D）15A，8.6A。

79. 电力营销—农网配电营业工（台区经理）—高级工—单选题—基础知识—难

日光灯电路是由日光灯管和镇流器（可视为纯电感绕组）串联而成，现接在频率为50Hz的交流电源上。测得流过灯管的电流为0.366A，灯管两端电压为110V，镇流器两端电压190V，那么，电源电压为（D），灯管的电阻为（D），日光灯的功率为（D）。

（A）220V，600Ω，40W；（B）190V，519Ω，40W；（C）110V，300Ω，40W；（D）220V，300Ω，40W。

80. 电力营销—农网配电营业工（台区经理）—高级工—单选题—基础知识—难

一高频阻波器，电感量100μH，阻塞频率为400kHz，阻波器内需并联（C）电容才能满足要求。

（A）1285pF；（B）1500pF；（C）1585pF；（D）1785pF。

81. 电力营销—农网配电营业工（台区经理）—高级工—单选题—专业知识—易

将一块最大刻度是300A的电流表接入变比为300A/5A的电流互感器二次回路中，当电流表的指示为150A，表计的线圈实际通过了电流是（A）。

（A）2.5A；（B）5A；（C）25A；（D）150A。

82. 电力营销—农网配电营业工（台区经理）—高级工—单选题—专业知识—中

一只电流表满量限为10A，准确等级为0.5，用此表测量1A电流时的相对误差是（D）。

（A）±0.5%；（B）-5%；（C）+5%；（D）±5%。

83. 电力营销—农网配电营业工（台区经理）—高级工—单

选题—专业知识—中

长200m的照明线路，负载电流为4A，如果采用截面积为$10mm^2$的铝线，则导线上的电压损失是（B）。（$\rho=0.0283\Omega\cdot mm^2/m$）

（A）2.264V；（B）4.52V；（C）22.64V；（D）45.2V。

84. 电力营销—农网配电营业工（台区经理）—高级工—单选题—专业知识—中

一条直流线路，原来用的是截面积为$20mm^2$的橡皮绝缘铜线，现因绝缘老化，要换新线，并决定改用铝线，要求导线传输能力不改变。则所需铝线的截面积为（B）。（$\rho_{铜}=0.0175\Omega\cdot mm^2/m$，$\rho_{铝}=0.0283\Omega\cdot mm^2/m$）

（A）$32mm^2$；（B）$35mm^2$；（C）$40mm^2$；（D）$45mm^2$。

85. 电力营销—农网配电营业工（台区经理）—高级工—单选题—基础知识—中

一个三轮滑轮的滑轮直径*D*为150mm，估算允许使用负荷为（B）。

（A）4218N；（B）42180N；（C）2813N；（D）28130N。

86. 电力营销—农网配电营业工（台区经理）—高级工—单选题—基础知识—中

如图1-3所示，有一重物重量为98000N，用两根等长钢丝绳起吊。提升重物的绳子与垂直线间的夹角为30°，则每根绳上的拉力是（D）。

（A）9800N；（B）5665N；（C）98000N；（D）56647N。

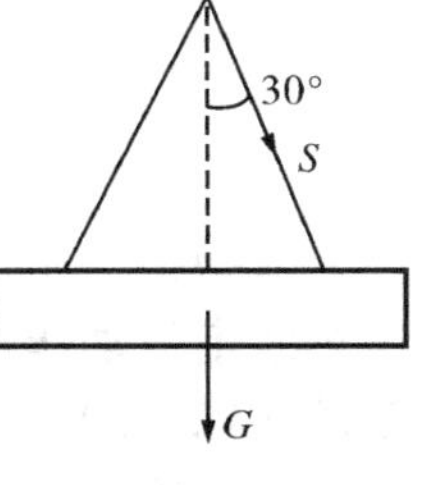

图1-3

第四节　技师

1. 电力营销—农网配电营业工（台区经理）—技师—单选题—专业知识—难

交流变直流的电路由四个部分组成，它们是（A）。

（A）变压、整流、滤波、稳压；（B）变压、变流、稳压、负载；（C）稳压、负载、滤波、消谐；（D）变压、整流、稳压、控制。

2. 电力营销—农网配电营业工（台区经理）—技师—单选题—专业知识—难

绝缘套管表面的空气放电叫（C）。

（A）绝缘击穿；（B）大气放电；（C）沿面放电；（D）接触放电。

3. 电力营销—农网配电营业工（台区经理）—技师—单选题—业知识—难

若不需另外提供接地引线，接地干线则应埋入距地面（C）以下。

（A）200mm；（B）150mm；（C）300mm；（D）100mm。

4. 电力营销—农网配电营业工（台区经理）—技师—单选题—专业知识—难

剩余电流动作保护器在低压电网中的正常漏电流小于保护器整定动作电流的（A）。

（A）50%；（B）60%；（C）40%；（D）65%。

5. 电力营销—农网配电营业工（台区经理）—技师—单选题—专业知识—难

低压配电网中，用电设备外壳采用保护接零时应将零线重复接地，其阻值小于或等于（A）Ω

（A）10；（B）5；（C）15；（D）25。

6. 电力营销—农网配电营业工（台区经理）—技师—单选题—专业知识—难

在电流互感器二次回路中所接的电气元件，要求它的阻抗必须（A）。

（A）低；（B）高；（C）偏高；（D）很高。

7. 电力营销—农网配电营业工（台区经理）—技师—单选题—专业知识—难

节能变压器比同容量的硅钢铁芯变压器空载损耗低（A）。

（A）60%～80%；（B）50%；（C）100%；（D）15%。

8. 电力营销—农网配电营业工（台区经理）—技师—单选题—专业知识—难

某10kV高压配电线路，线路电抗5Ω，末端电压9.5kV。欲使电压升0.5257kV，应装配约（B）的电容器。

（A）1500kvar；（B）1000kvar；（C）800kvar；（D）1600kvar。

9. 电力营销—农网配电营业工（台区经理）—技师—单选题—专业知识—难

选用100A的交流接触器可以控制负载的最大额定电流为（A）A以下的设备。

（A）67～75；（B）50～66；（C）76～86；（D）100。

10. 电力营销—农网配电营业工（台区经理）—技师—单选题—专业知识—难

GN19－10/1000型高压隔离开关在动、静触头处装有两件（A），保证在短路电流通过隔离开关时，增大触头的动、热稳定性。

（A）磁锁压板；（B）弹簧压板；（C）紧固压板；（D）触头压板。

11. 电力营销—农网配电营业工（台区经理）—技师—单选题—专业知识—难

并联电容器组保护熔丝选择一般为电容器额定电流 I_{ce} 的（C）倍。

（A）3；（B）1；（C）1.5~2.5；（D）0.5~1。

12. 电力营销—农网配电营业工（台区经理）—技师—单选题—专业知识—难

箱式变电站接地装置的接地电阻不大于（A）Ω。

（A）4；（B）15；（C）10；（D）5。

13. 电力营销—农网配电营业工（台区经理）—技师—单选题—专业知识—难

SF_6 断路器气压指示为0，此时断路器的操作回路应为（A）状态。

（A）回路断线；（B）导通状态；（C）保险熔断；（D）允许分合。

14. 电力营销—农网配电营业工（台区经理）—技师—单选题—专业知识—难

预付费可以作用于断路器跳闸，它与断路器跳闸回路装置的原控制系统构成（A）。

（A）或逻辑；（B）与逻辑；（C）非逻辑；（D）与非门。

15. 电力营销—农网配电营业工（台区经理）—技师—单选题—专业知识—难

起重吊绳的安全系数为（D）倍于被吊物重量的绳的拉断力。

（A）2~3；（B）3~4；（C）4~4.5；（D）5~6。

16. 电力营销—农网配电营业工（台区经理）—技师—单选题—专业知识—难

室外高压设备发生单相接地，接近故障点超过安全范围可能

会出现（A），危及人身安全。

（A）跨步电压；（B）漏电压；（C）额定电压；（D）过电压。

17. 电力营销—农网配电营业工（台区经理）—技师—单选题—专业知识—难

低压供电系统向高层建筑对各层配电点供电时宜用分区（B）接线方式供电。

（A）链式；（B）树干式；（C）放射式；（D）集中式。

18. 电力营销—农网配电营业工（台区经理）—技师—单选题—专业知识—难

对于特别潮湿、高温、多导电灰尘的场所，在照明灯具安装的高度距地面2.4m及以下时，应选用电压为（D）。

（A）48V；（B）220V；（C）380V；（D）24V。

19. 电力营销—农网配电营业工（台区经理）—技师—单选题—相关知识—难

用万用表测电容，放在 $R\times1\text{k}\Omega$ 挡，两表笔交替测两端，指针均有一定偏转，并回到起始位置，说明电容器（A）。

（A）完好；（B）损坏；（C）漏电；（D）不确定。

20. 电力营销—农网配电营业工（台区经理）—技师—单选题—相关知识—难

测量变压器穿心螺栓的绝缘电阻用（B）测定。

（A）万用表；（B）1000V摇表；（C）2500V摇表；（D）500V摇表。

21. 电力营销—农网配电营业工（台区经理）—技师—单选题—相关知识—难

一般算出额定电流后，在装配电度表时，要考虑客户动力负荷（A）倍的启动电流。

（A）1.5；（B）1；（C）2；（D）3。

22. 电力营销—农网配电营业工（台区经理）—技师—单选题—相关知识—难

星三角启动控制电路中，启动与运行按钮应（A），电动机绕组正常工作状态应为（A）接线。

（A）联锁，三角形；（B）闭合，星形；（C）断开，V形接线；（D）同按，星零。

23. 电力营销—农网配电营业工（台区经理）—技师—单选题—相关知识—难

电容器有（A）的特点。

（A）隔直通交、通高频阻低频；（B）通直隔交、阻低频通高频；（C）隔直通交、阻高频通低频；（D）隔交通直、阻高频通低频。

24. 电力营销—农网配电营业工（台区经理）—技师—单选题—相关知识—难

低压配电系统中，中性点直接接地，从中性点各引出中性线N和保护线PE，则称为（D）系统。

（A）TN；（B）PEN；（C）TN－C；（D）TN－S。

25. 电力营销—农网配电营业工（台区经理）—技师—单选题—相关知识—难

绝缘材料测量时，60S的绝缘电阻与15S的绝缘电阻之比K称为绝缘材料的（B），K大于或等于（B）即认为绝缘良好。

（A）电阻比，1.0；（B）吸收比，1.3；（C）极化指数，1.2；（D）耐压值，1.1。

26. 电力营销—农网配电营业工（台区经理）—技师—单选题—相关知识—难

一个电压控制电流源，其输入端电阻无穷大，即控制端功率零消耗，受控电流源输出电阻无穷大，则称为（A）。

（A）理想受控电流源；（B）理想受控电压源；（C）电压

源；（D）理想独立源。

27. 电力营销—农网配电营业工（台区经理）—技师—单选题—相关知识—难

影响变压器绝缘的最大因素是（A）。

（A）水分；（B）纯度；（C）杂质；（D）材料。

28. 电力营销—农网配电营业工（台区经理）—技师—单选题—相关知识—难

高压配电网络接线运行方式可分为（D）网络接线系统。

（A）放射式和干线式；（B）干线式和环式；（C）两端供电式和闭式；（D）开式和闭式。

29. 电力营销—农网配电营业工（台区经理）—技师—单选题—相关知识—难

（A）为配电需求侧管理。

（A）DSM；（B）DSA；（C）DMS；（D）DPAS。

30. 电力营销—农网配电营业工（台区经理）—技师—单选题—相关知识—难

用万用表测量电动机的极数方法是将电动机接线解开，任意找一相用电压挡表笔连接线圈首尾，旋转转子一周表针如果摆动二次，说明此电动机为（A）极电动机。

（A）4；（B）2；（C）6；（D）8。

31. 电力营销—农网配电营业工（台区经理）—技师—单选题—专业知识—易

抄表、核算、收费和上缴电费这四道工序统称为（C）。

（A）营业管理；（B）用电管理；（C）电费管理；（D）账务管理。

32. 电力营销—农网配电营业工（台区经理）—技师—单选

题—专业知识—难

在检测三相两元件表的接线时，经常采用力矩法，正常情况下将A、B相电压对调，电能表应该（C）。

（A）正常运转；（B）倒走；（C）停走；（D）慢走一半。

33. 电力营销—农网配电营业工（台区经理）—技师—单选题—专业知识—难

当月应收但未收到的电费应（B）。

（A）从应收电费报表中扣除；（B）在营业收支汇总表的欠费项目中反映；（C）不在营业收支汇总表中反映，另作报表上报；（D）不在用电部门的报表反映，只在财务部门挂账处理。

34. 电力营销—农网配电营业工（台区经理）—技师—单选题—专业知识—难

假如电气设备的绕组绝缘等级是F级，那么它的耐热最高点是（C）。

（A）135℃；（B）145℃；（C）155℃；（D）165℃。

35. 电力营销—农网配电营业工（台区经理）—技师—单选题—专业知识—难

下列对高压设备的试验中，属于破坏性试验的是（B）。

（A）绝缘电阻和泄漏电流测试；（B）直流耐压和交流耐压试验；（C）介质损失角正切值测试；（D）变比试验。

36. 电力营销—农网配电营业工（台区经理）—技师—单选题—专业知识—难

敷设电缆时，应防止电缆扭伤和过分弯曲，电缆弯曲半径与电缆外径的比值，交联乙烯护套多芯电缆为（C）倍。

（A）5；（B）10；（C）15；（D）20。

37. 电力营销—农网配电营业工（台区经理）—技师—单选题—专业知识—易

钢芯铝绞线中的扩径导线其运行特点是（B）。

（A）传输功率大；（B）减少电晕损耗和对通讯线的干扰；（C）无功损耗减小；（D）有功损耗减小。

38. 电力营销—农网配电营业工（台区经理）—技师—单选题—专业知识—中

对两路供电线路供电（不同的电源点）的用户，装设计量装置的形式为（C）。

（A）两路合用一套计量装置，节约成本；（B）两路分别装设有功电能表，合用无功表；（C）两路分别装设电能计量装置；（D）两路合用电能计量装置，但分别装设无功电能表。

39. 电力营销—农网配电营业工（台区经理）—技师—单选题—专业知识—中

下列行业中，用电负荷波动比较大，易造成电压波动，产生谐波和负序分量的是（A）。

（A）电炉炼钢业；（B）纺织业；（C）水泥生产业；（D）商业城。

40. 电力营销—农网配电营业工（台区经理）—技师—单选题—专业知识—难

三星 DSSD188 电能表，Uu 标志显示消失，表示（A）。

（A）该相失压；（B）该相电压正常；（C）该相失流；（D）该相电流正常。

41. 电力营销—农网配电营业工（台区经理）—技师—单选题—相关知识—难

在单相触电、两相触电、接触跨步电压三种触电中最危险的是（B）。

（A）单相触电；（B）两相触电；（C）跨步电压触电；（D）都危险。

42. 电力营销—农网配电营业工（台区经理）—技师—单选题—相关知识—难

导线的最低点应力决定后，为了使悬挂点应力不超过许用应力，档距必须规定一个最大值，称为（B）。

（A）代表档距；（B）极限档距；（C）临界档距；（D）垂直档距。

43. 电力营销—农网配电营业工（台区经理）—技师—单选题—相关知识—难

重大设备事故由（C）组织调查组进行调查。

（A）国家电力部门；（B）省电力部门；（C）发生事故单位；（D）区域电网部门。

44. 电力营销—农网配电营业工（台区经理）—技师—单选题—相关知识—中

解答用户有关用电方面的询问工作属于（B）。

（A）用电管理；（B）用户服务；（C）业扩服务；（D）杂项业务

45. 电力营销—农网配电营业工（台区经理）—技师—单选题—相关知识—中

电费管理的重要任务是按照商品（A）从用户处收回电费。

（A）等价原则；（B）货币化；（C）价格；（D）价值。

46. 电力营销—农网配电营业工（台区经理）—技师—单选题—相关知识—难

对售电量、售电收入、售电平均单价完成情况的分析称（C）。

（A）财务分析；（B）电费管理分析；（C）营销分析；（D）计量分析。

47. 电力营销—农网配电营业工（台区经理）—技师—单选

题—相关知识—难

全年售电量是属于（A）指标。

（A）时期总量指标；（B）时点总量指标；（C）相对指标；（D）平均指标。

48. 电力营销—农网配电营业工（台区经理）—技师—单选题—相关知识—难

售电平均单价变化与（D）的变化有关。

（A）电度电价；（B）峰谷电价和基本电价；（C）功率因数调整电价；（D）电度电价、峰谷电价、基本电价和功率因数调整电价。

49. 电力营销—农网配电营业工（台区经理）—技师—单选题—基本技能—易

检查兆欧表时，我们可以根据（A）来判断兆欧表的好坏。

（A）L 和 E 开路时，轻摇手柄指针应指向“∞”处；（B）短路时指针应指向“∞”处；（C）开路时应指向“0”位置；（D）短路时应指向中间位置。

50. 电力营销—农网配电营业工（台区经理）—技师—单选题—基本技能—中

在有阻抗元件的潮流计算中，常采用百分值和（A）。

（A）标幺值；（B）实际值；（C）有名值；（D）有效值。

51. 电力营销—农网配电营业工（台区经理）—技师—单选题—基本技能—难

限流电抗器主要装在出线或母线上，其主要目的是：当线路或母线发生故障时，（C）。

（A）限制负载电流；（B）限制无功电流；（C）限制短路电流；（D）限制有功电流。

52. 电力营销—农网配电营业工（台区经理）—技师—单选

题—专业技能—中

铠装主要用以减少（C）对电缆的影响。

(A) 综合力；(B) 电磁力；(C) 机械力；(D) 摩擦力。

53. 电力营销—农网配电营业工（台区经理）—技师—单选题—专业技能—难

倒落式人字抱杆整体立杆时，牵引钢绳与地面夹角应不大于(B)。

(A) 15°；(B) 30°；(C) 45°；(D) 60°。

54. 电力营销—农网配电营业工（台区经理）—技师—单选题—专业技能—难

整体立杆时抱杆的有效高度按经验取电杆重心高的（A）倍为宜。

(A) 0.8 ~1.1；(B) 0.8 ~1.5；(C) 0.8；(D) 1.1。

55. 电力营销—农网配电营业工（台区经理）—技师—单选题—专业技能—难

整体立杆时，对预应力杆在18m及以下可采用（A）固定。

(A) 单吊点；(B) 双吊点；(C) 三吊点；(D) 多吊点。

56. 电力营销—农网配电营业工（台区经理）—技师—单选题—专业技能—难

整体立杆时，当电杆头起立至离开地面约（C）时，应停止牵引，对立杆做冲击检验。

(A) 1.0m；(B) 0.8m；(C) 0.5m；(D) 0.3m。

57. 电力营销—农网配电营业工（台区经理）—技师—单选题—相关技能—难

常用的销售分析方法是（D）。

(A) 比较法；(B) 比例法；(C) 比重法；(D) 因素分析法。

58. 电力营销—农网配电营业工（台区经理）—技师—单选题—相关技能—难

相对于三相三线有功电能表，在断开电能表中相电压后，电能计量的电量为原来的（C）。

（A）0.2倍；（B）0.3倍；（C）0.5倍；（D）1.5倍。

59. 电力营销—农网配电营业工（台区经理）—技师—单选题—相关技能—难

不完全星形接线的电流互感器，W相接反时，I_v值是相电流的（B）倍。

（A）$\sqrt{3}/2$；（B）$\sqrt{3}$；（C）2；（D）$2\sqrt{3}$。

60. 电力营销—农网配电营业工（台区经理）—技师—单选题—相关技能—中

绞磨机牵引绳在卷筒上不准少于（A）圈。

（A）5；（B）4；（C）3；（D）2。

61. 电力营销—农网配电营业工（台区经理）—技师—单选题—相关技能—难

作业时，起重机臂架、吊具、辅具、钢丝绳及吊物等与架空输电线及其他带电体的最小安全距离，10kV及以下不准小于（A）m。

（A）3；（B）4；（C）5；（D）6。

62. 电力营销—农网配电营业工（台区经理）—技师—单选题—相关技能—难

起重设备、吊索具和其他起重工具的工作负荷，不准超过（B）规定。

（A）标准；（B）铭牌；（C）限额；（D）最高。

63. 电力营销—农网配电营业工（台区经理）—技师—单选题—相关技能—难

在带电设备区使用汽车吊斗臂车时，车身应使用不小于（A）mm^2 的软铜线可靠接地。

（A）16；（B）10；（C）25；（D）35。

64. 电力营销—农网配电营业工（台区经理）—技师—单选题—基础知识—难

已知星形连接的三相对称电源，接一星形四线制平衡负载 $Z=(3+j4)\ \Omega$。若电源线电压为380V，当A相断路时，中线电流是（C）。

（A）0；（B）38A；（C）44A；（D）190A。

65. 电力营销—农网配电营业工（台区经理）—技师—单选题—基础知识—难

客户电力变压器额定视在功率200kVA，测得该变压器输出有功功率140kW时，二次侧功率因数0.8，变压器此时的负载率是（B）。

（A）70%；（B）87.5%；（C）89.3%；（D）98.5%。

66. 电力营销—农网配电营业工（台区经理）—技师—单选题—基础知识—难

某工业用户装有两台电动机，其中第一台额定有功功率为8kW，功率因数为0.8；第二台的额定有功功率18kW，功率因数为0.9。当两台电动机同时运行在额定状态时，该用户的总功率因数是（C）。

（A）0.8；（B）0.85；（C）0.87；（D）0.9。

67. 电力营销—农网配电营业工（台区经理）—技师—单选题—基础知识—中

某变压器铭牌参数为：$S_N=50$kVA，$U_{1N}=10\ (1\pm5\%)$ kV，$U_{2N}=0.4$kV。当该变压器运行挡位为电流挡时，该变压器高、低压侧额定电流分别为（B）。

（A）72.2A，2.75A；（B）2.75A，72.2A；（C）124.95A，

4.76A；(D) 4.76A，124.95A。

68. 电力营销—农网配电营业工（台区经理）—技师—单选题—专业知识—中

某电力用户4月份装表用电，电能表准确等级为2.0，到9月份时经计量检定机构检验发现该用户电能表的误差为－5%，假设该用户4～9月用电量为19000kWh，电价为0.45元/kWh，则应向该用户追补电量是（A）kWh，实际用电量是（A）kWh，合计应交纳电费是（A）元。

(A) 500，19500，8775；(B) 8775，19500，500；(C) 500，19000，8550；(D) 1000，20000，9000。

69. 电力营销—农网配电营业工（台区经理）—技师—单选题—专业知识—难

某工业用电客户，三相负荷平衡分布，装设三相二元件有功表计量。某次用电检查发现，计量表两元件电压电流配线分别为 U_{AB}，I_A；U_{CB}，$-I_C$。其计量接线相量图如图1－4所示，φ＝30°，表计示数差为100000kWh，该客户计量（D），如不正确则应退补电量为（D）kWh。

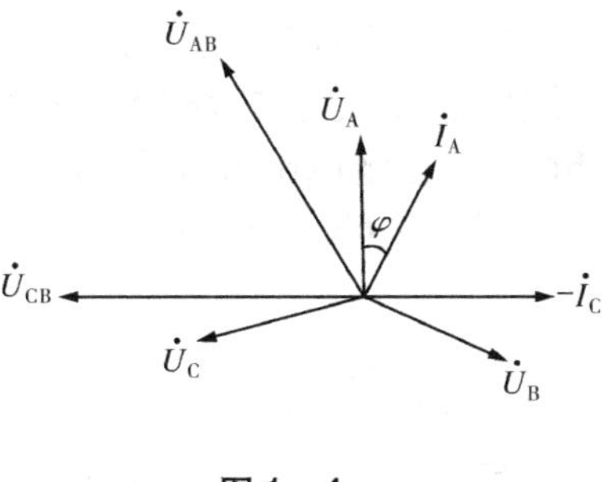

图1－4

(A) 正确，0；(B) 不正确，200000；(C) 不正确，300000；(D) 不正确，400000。

70. 电力营销—农网配电营业工（台区经理）—技师—单选题—基础知识—中

交流接触器的电感线圈 $R=200\Omega$，$L=7.3H$，接到电压 $U=220V$，$f=50Hz$ 的电源上，线圈中的电流为（A）。如果接到220V的直流电源上，会出现（A）后果。（线圈的允许电流为0.1A）

(A) 0.096A，线圈烧毁；(B) 1.1A，线圈烧毁；(C) 0.096A，线圈不会烧毁；(D) 1.1A，线圈不会烧毁。

71. 电力营销—农网配电营业工（台区经理）—技师—单选题—基础知识—难

一台铭牌为10kV/80kvar的电力电容器，当测量电容器的电容量在200V工频电压下电流为180mA时，那么实测电容值是(B)。

(A) 2.54μF；(B) 2.86μF；(C) 25.4μF；(D) 28.6μF。

72. 电力营销—农网配电营业工（台区经理）—技师—单选题—专业知识—易

某10kV的变电所采用接地保护方式，计划用40mm×4mm的镀锌扁钢沿变电所埋设一周，作为保护接地体，其长度为78m，其接地电阻为（C）Ω。(该土地电阻率ρ为60Ω·m)

(A) 0.65；(B) 0.77；(C) 1.54；(D) 4。

73. 电力营销—农网配电营业工（台区经理）—技师—单选题—基础知识—中

有一台设备重为389kN，需由厂房外滚运到厂房内安装，采用的滚杠为108mm×12mm的无缝钢管。直接在水泥路面上滚运，需（A）的启动牵引力。（滚杠与水泥路面的摩擦系数为0.08，与设备的摩擦系数为0.05，启动附加系数为2.5）

(A) 11.7kN；(B) 7.2kN；(C) 4.5kN；(D) 36kN。

74. 电力营销—农网配电营业工（台区经理）—技师—单选题—基础知识—中

在电磁机构控制的合闸回路中，除合闸接触器线圈电阻外，合闸回路总电阻上取得电源电压的60%，合闸接触器线圈端电压百分数是（D），此开关（D）合闸。

(A) 60%，不能；(B) 60%，能；(C) 40%，不能；(D) 40%，能。

75. 电力营销—农网配电营业工（台区经理）—技师—单选题—基础知识—中

有一台三相电阻炉，其每相电阻 8.68Ω，电源线电压为 380V，若采用三角形接线法，取得的最大消耗功率是（B）。

（A）16652W；（B）49956W；（C）5556W；（D）16668W。

76. 电力营销—农网配电营业工（台区经理）—技师—单选题—基础知识—中

交流接触器线圈接在直流电源上，得到线圈直流电阻值为 1.75Ω，然后接在工频交流电源上，测得电压 120V，功率 70W，电流 2A，若不计漏磁，铁芯损耗是（C），线圈的功率因数是（C）。

（A）70W，0.58；（B）63W，0.58；（C）63W，0.29；（D）70W，0.29。

77. 电力营销—农网配电营业工（台区经理）—技师—单选题—专业知识—中

一组穿心式电流互感器额定变比为 150A/5A，本应串 2 匝后按 15 倍的倍率结算电量，因某种原因错串成 4 匝。已知实际结算电量为 10000kWh，应退补电量是（A）。

（A）5000kWh；（B）10000kWh；（C）2500kWh；（D）666kWh。

78. 电力营销—农网配电营业工（台区经理）—技师—单选题—专业知识—中

某工厂有功负荷 1000kW，功率因数 0.8，10kV 供电高压计量，需配置（D）电流互感器。

（A）400/5；（B）300/5；（C）150/5；（D）75/5。

79. 电力营销—农网配电营业工（台区经理）—技师—单选题—专业知识—难

某客户计量装置经查接线如图 1－5 所示，其中 A 相 TA（电流互感器）：150A/5A；B 相 TA：150A/5A；C 相 TA：200A/5A，计量期间，按 200A/5A 结算电量为 500000kWh，则应退补

该客户电量是（D）。

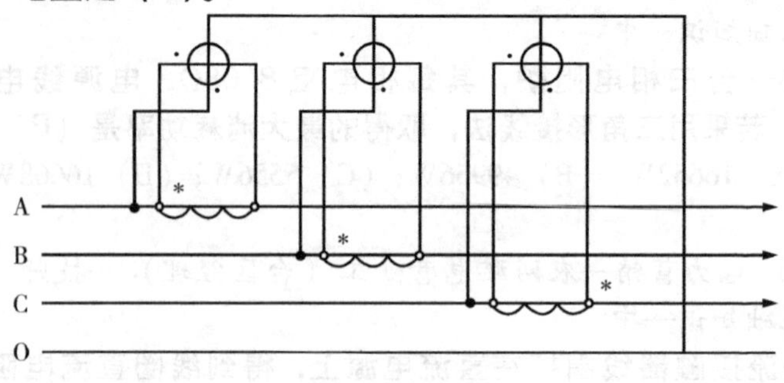

图1－5

（A）250000kWh；（B）300000kWh；（C）350000kWh；（D）400000kWh。

80. 电力营销—农网配电营业工（台区经理）—技师—单选题—专业知识—中

某村用电原为纯照明用电，负荷常年在32kW左右。由于经济的发展，今年计划在原来用电的基础上新增80kW面粉加工机一台。而该村又无长远规划，计划与村照明合用变压器。若容载比选1.5～2.0，则选（D）容量变压器比较合适。

（A）220kVA；（B）180kVA；（C）170kVA；（D）160kVA。

81. 电力营销—农网配电营业工（台区经理）—技师—单选题—专业知识—难

用低压配电屏控制三台电动机。第一台5.5kW，额定电流为11.1A；第二台1.5kW，额定电流为3.4A；第三台2.2kW，额定电流为4.7A。用RM10型熔断器保护，则总熔体额定电流是（B）。

（A）15A；（B）40A；（C）50A；（D）60A。

82. 电力营销—农网配电营业工（台区经理）—技师—单选题—专业知识—中

有一电压为200V的单相负载，其功率因数为0.8，该负载消耗的有功功率为4kW，该负载的无功功率为（A）kvar，等效

电阻为（A）Ω，等效电抗为（A）Ω。

（A）3，6.4，4.8；（B）3，4.8，6.4；（C）5，6.4，4.8；（D）5，4.8，6.4。

83. 电力营销—农网配电营业工（台区经理）—技师—单选题—基础知识—难

某电阻、电容元件串联电路，经测量功率为325W，电压为220V的工频电压，电流为4.2A，则电阻是（C）Ω，电容是（C）μF。

（A）49，65；（B）49，6.5；（C）18.42，65；（D）18.42，6.5。

84. 电力营销—农网配电营业工（台区经理）—技师—单选题—专业知识—难

已知某送电线路耐张段长1400m，代表档距250m，观察档距260m，不计悬点高差，测得导线弧垂为6m，设计要求为5.5m，因此需调整弧垂，线长调整量为（B）。

（A）0.145m；（B）0.289m；（C）0.50m；（D）0.252m。

85. 电力营销—农网配电营业工（台区经理）—技师—单选题—专业知识—难

2000年7月，某供电所工号为103#的抄表工，工作任务单上派发其本月应抄电费户3000户，其中照明户2500户，动力户500户。月末经电费核算员核算，发现其漏抄动力户2户、照明户18户，估抄照明户3户，那么103#抄表工本月照明户实抄率是（D），动力户实抄率是（D），综合实抄率是（D）。

（A）99.23%、99.16%、99.60%；（B）99.16%、99.23%、99.60%；（C）99.60%、99.16%、99.23%；（D）99.16%、99.60%、99.23%。

86. 电力营销—农网配电营业工（台区经理）—技师—单选题—专业知识—难

一客户电能表，经计量检定部门现场校验，发现慢10%（非人为因素所致），已知该电能表自换装之日起至发现之日止，表计电量为900000kWh，应补收（A）电量。

（A）50000kWh；（B）45000kWh；（C）100000kWh；（D）900000kWh。

87. 电力营销—农网配电营业工（台区经理）—技师—单选题—专业知识—难

因工作需要安装一台鼠笼式电动机，已知 U_e =380V，功率 P=10kW，启动电流倍数 N=7.5，满载时效率 η =0.87，功率因数0.86，负载系数 K_L =0.9。应选择（C）熔断器进行保护。

（A）18A；（B）20A；（C）60A；（D）75A。

88. 电力营销—农网配电营业工（台区经理）—技师—单选题—专业知识—难

某一线路施工，采用异长法观察弧垂，已知导线的弧垂为5.25m，在A杆上绑弧垂板距悬挂点距离3.5m，则在B杆上应挂弧垂板距悬挂点（C）。

（A）3.5m；（B）5.25m；（C）7.35m；（D）2.12m。

第二章　多选题

第一节　初级工

1. 电力营销—农网配电营业工（台区经理）—初级工—多选题—专业知识—中

正确使用钳形电流表的方法是（AD）。

（A）钳形电流表可以在不断开电路的情况下测量电流值；（B）导线置于钳中任意位置；（C）测量中若发现挡位不对时，可直接调整到合适挡位；（D）测好之后要立即拨回零挡。

2. 电力营销—农网配电营业工（台区经理）—初级工—多选题—专业知识—中

以下（ABCD）是按绝缘和保护层的不同分类的低压电力电缆。

（A）油浸纸绝缘铅包（或铝包）电力电缆；（B）聚氯乙烯绝缘聚氯乙烯护套电力电缆；（C）交联聚乙烯绝缘聚氯乙烯护套电力电缆；（D）橡皮绝缘电力电缆。

3. 电力营销—农网配电营业工（台区经理）—初级工—多选题—专业知识—难

保证掏挖式基础施工安全和质量的做法是（BCD）。

（A）挖坑前只对临时工进行安全教育；（B）坑口周围1.2m以内不准堆放土或放置重物；（C）坑口作业人员要戴安全帽；（D）上下要用梯子，严禁在坑内休息。

4. 电力营销—农网配电营业工（台区经理）—初级工—多选题—专业知识—难

放线前现场应做好（ABCD）等准备工作。

（A）清除沿线障碍物；（B）安装放线滑车，做好临时拉线，搭好越线架；（C）埋设临时锚线和压线滑车等用的地锚；（D）牵、张机械进场，布置好牵、张力场，展放导引绳。

5. 电力营销—农网配电营业工（台区经理）—初级工—多选题—专业知识—难

安全工具使用前应做（ACD）的检查。

（A）外观清洁、干燥，无损伤痕迹和变形现象；（B）个别安全工具的电压等级可以低于运行设备的电压等级；（C）基本安全工具必须借助于辅助安全工具的配合，才可实施操作；（D）检查发现安全工具存在损伤，绝缘性能降低时，应进行可靠性试验，以证明是否可以使用。

6. 电力营销—农网配电营业工（台区经理）—初级工—多选题—专业知识—难

安全教育的主要内容有（ACDE）。

（A）安全思想教育；（B）服务意识教育；（C）法律法规教育；（D）安全技术教育；（E）典型经验和事故知识的教育。

7. 电力营销—农网配电营业工（台区经理）—初级工—多选题—专业知识—难

以下作业中做法错误的是（AC）。

（A）在高度为2m以下杆上作业时，可不必扎安全带，但必须戴安全帽；（B）登杆前必须检查杆根是否牢固，确认可靠方可登杆；（C）新立电杆，登杆前若确定已夯实基础，则无须打临时拉线；（D）下杆时必须使用登高工具，不得沿电杆滑下。

8. 电力营销—农网配电营业工（台区经理）—初级工—多选题—专业知识—中

敷设电缆应满足（ABD）等要求。

（A）避免各种外来损坏；（B）投资最省；（C）控制和信号电缆不能多层叠置；（D）路径必须便于施工和投运后的维修。

9. 电力营销—农网配电营业工（台区经理）—初级工—多选题—专业知识—中

现场抢救必须做到“迅速、就地、准确、坚持”的四个原则，（BCD）的描述是正确的。

（A）有交通工具时，应迅速将触电者送往医院；（B）在现场安全地方就地抢救触电者；（C）抢救的方法要准确；（D）抢救必须坚持到底。

10. 电力营销—农网配电营业工（台区经理）—初级工—多选题—专业知识—易

（ABC）是金属氧化物避雷器的主要优点。

（A）结构简单，体积小，重量轻；（B）无间隙；（C）无续流，能耐受多重雷、多重过电压；（D）运行维护较复杂。

11. 电力营销—农网配电营业工（台区经理）—初级工—多选题—专业知识—中

高空作业时（ABCD）。

（A）应设安全监护人；（B）安全带必须拴在牢固的结构上；（C）杆上移动不得失去安全带的保护；（D）随时检查安全带是否拴牢。

12. 电力营销—农网配电营业工（台区经理）—初级工—多选题—专业知识—易

在进行事故巡视时，应注意（AB）。

（A）应始终认为该线路处在带电状态；（B）即使该线路确已停电，亦应认为该线路随时有送电的可能；（C）人手不够时，可以单独巡视，但必须做到“走到、看到、听到、宣传到”；（D）事故巡视中若发现事故点了，巡视人员可不必将所分担的巡视区段全部巡视完。

13. 电力营销—农网配电营业工（台区经理）—初级工—多选题—专业知识—中

配电线路上的绝缘子必须具备（ABC）。

（A）足够的绝缘强度；（B）足够的机械强度；（C）足够的抗侵蚀能力；（D）外观美观；

14. 电力营销—农网配电营业工（台区经理）—初级工—多选题—专业知识—中

正确描述弧垂大小对安全影响的是（ABCD）。

（A）弧垂过大容易造成相间短路；（B）弧垂过小，导线可能被拉断；（C）弧垂过大，对地安全距离不够；（D）弧垂过小，会使横担扭曲变形。

15. 电力营销—农网配电营业工（台区经理）—初级工—多选题—专业知识—易

低压线路用的低压绝缘子是（AC）。

（A）针式绝缘子；（B）悬式绝缘子；（C）蝶式绝缘子；（D）棒式绝缘子（瓷横担）。

16. 电力营销—农网配电营业工（台区经理）—初级工—多选题—专业知识—中

接户线的防雷措施有（ACD）。

（A）安装低压避雷器；（B）降低接户线的安装高度；（C）将接户线入户前的电杆瓷绝缘子脚接地；（D）在室内安装电能表常用的低压避雷器保护。

17. 电力营销—农网配电营业工（台区经理）—初级工—多选题—专业知识—易

接户线和进户线装设时要考虑（ABC）原则。

（A）有利于电网的运行；（B）保证用户安全；（C）便于维护和检修；（D）尽量使用铝芯绝缘线，以降低用户成本。

18. 电力营销—农网配电营业工（台区经理）—初级工—多选题—专业知识—易

进户线有（BCD）形式。

（A）从线路上直接进户；（B）绝缘线穿瓷管进户；（C）加装进户杆、落地杆或短杆；（D）角铁加绝缘子支持单根导线穿管进户。

19. 电力营销—农网配电营业工（台区经理）—初级工—多选题—专业知识—中

要对绝缘子进行（ABC）检查。

（A）瓷件与铁件的组合无歪斜现象；（B）瓷釉光滑，无裂纹、缺釉、斑点、烧痕、气泡或瓷釉烧坏等缺陷；（C）弹簧销、弹簧垫的弹力适宜；（D）绝缘子应悬挂存放。

20. 电力营销—农网配电营业工（台区经理）—初级工—多选题—专业知识—易

安装横担作业，（ABD）是作业人员上杆时随身携带的。

（A）安全帽、安全带、工作服等；（B）工具袋、吊物绳；（C）横担；（D）扳手、手锤。

第二节　中级工

1. 电力营销—农网配电营业工（台区经理）—中级工—多选题—专业知识—中

隔离开关按所配操动机构分为（ABCD）。

（A）手动式；（B）电动式；（C）气动式；（D）液压式。

2. 电力营销—农网配电营业工（台区经理）—中级工—多选题—专业知识—中

10kV 杆上跌落式熔断器安装时应注意（ABC）。

（A）遇雷电、雨雪、大风等天气不得进行作业；（B）安装完成后，应对熔丝管做拉合试验；（C）铜铝接点应采取铜铝过渡措施；（D）选配熔丝与保护设备容量应匹配，紧急时可以使用铜、铝丝代替高压熔丝。

3. 电力营销—农网配电营业工（台区经理）—中级工—多选题—专业知识—难

10kV 杆上真空断路器安装时，(ABCD)。

(A) 安装应牢固可靠，外观清洁完整，动作性能符合规范；(B) 保护装置整定值符合规定，传动合格；(C) 表计正常可靠，电气回路传动正确可靠；(D) 相色标志正确，接地良好。

4. 电力营销—农网配电营业工（台区经理）—中级工—多选题—专业知识—难

配电网变电站高压集中补偿是为了（ABD)。

(A) 平衡输电网的无功功率；(B) 改善输电网的功率因数；(C) 降低系统终端变电站的母线电压；(D) 补偿变电站主变压器和高压输电线路的无功损耗。

5. 电力营销—农网配电营业工（台区经理）—中级工—多选题—专业知识—中

关于电流互感器运行，以下（ABC）说法正确。

(A) 电流互感器的二次侧有一端必须保护接地；(B) 电流互感器瓷质部分是否清洁，有无破损和放电现象；(C) 电流互感器的二次侧在工作时绝不能开路；(D) 二次侧实际负荷超过规定的额定容量时，电流互感器准确度不受影响。

6. 电力营销—农网配电营业工（台区经理）—中级工—多选题—专业知识—难

低压接触器安装后，应符合（ABCD）质量标准。

(A) 灭孤罩之间应有间隙，灭弧线圈绕向应正确；(B) 固定主触点的触点杆应固定可靠；(C) 接线应正确，在主触点不带电的情况下，启动线圈间断通电时主触点应动作正常，衔铁吸合后应无异常响声；(D) 电气联锁装置和机械联锁装置的动作均应正确、可靠。

7. 电力营销—农网配电营业工（台区经理）—中级工—多

选题—专业知识—难

电杆组装后，应全面检查（ACD）内容。

（A）螺母拧紧后，露出的丝扣不应少于2个；（B）垂直地面的螺栓由上向下穿入；（C）横担上下倾斜的最大偏差应不大于横担长度的1%；（D）横担撑铁一般装在面向受电方向的左侧。

8. 电力营销—农网配电营业工（台区经理）—中级工—多选题—专业知识—中

35kV及以下电压等级电缆线路的巡视周期是（BD）。

（A）一般电缆线路每6个月至少巡视一次；（B）竖井内的电缆每半年至少巡视一次；（C）特殊情况下（如暴雨、发洪水），禁止组织巡视；（D）对于已暴露在外的电缆，应及时处理，并加强巡视。

9. 电力营销—农网配电营业工（台区经理）—中级工—多选题—专业知识—中

（ABD）是业扩报装管理的主要内容或规定。

（A）受理营业区域内客户的新装、增容、变更用电和临时用电等业务；（B）负责或参与对业扩工程施工的中间检查，发现问题及时通知用户处理；（C）送电前不应收取用电业务的各种费用；（D）低压新装工作要有明晰的工作流程，按照供电所标准化作业相关流程办理。

10. 电力营销—农网配电营业工（台区经理）—中级工—多选题—专业知识—中

钳型电流表（ABCD）。

（A）可以测高压线路的电流；（B）测量前应估计被测电流的大小，选择合适的量程；（C）测量5A以下小电流时，可将被测导线多绕几圈穿入钳口进行测量；（D）测量结束应将量程开关扳到最大量程位置。

第三节　高级工

1. 电力营销—农网配电营业工（台区经理）—高级工—多选题—专业知识—中

10kV 杆上跌落式熔断器安装时的危险做法有（AD）。

（A）高空落物由地面人员抛上去；（B）对安全带进行冲击试验；（C）作业前必须重点强调邻近带电设备及作业线路名称、起止杆塔号；（D）安装工作可以由技能水平高的一人进行。

2. 电力营销—农网配电营业工（台区经理）—高级工—多选题—专业知识—中

（ABCD）是 10kV 杆上真空断路器安装前的检查内容。

（A）真空断路器所有螺栓有无松动及变形；（B）支撑绝缘子表面有无裂纹；（C）瓷套、外壳及真空泡外观应完好；（D）灭弧室内部无氧化现象。

3. 电力营销—农网配电营业工（台区经理）—高级工—多选题—专业知识—中

降低管理线损具体应抓好（BCD）工作。

（A）换新表；（B）杜绝估抄、漏抄和错抄现象；（C）计量装置必须加封、加锁，采取防盗措施；（D）消灭无表用电和杜绝违章用电现象，严肃依法查处窃电。

4. 电力营销—农网配电营业工（台区经理）—高级工—多选题—专业知识—中

（ABCD）属于配电网无功补偿。

（A）在变电站 10～35kV 母线上集中接入多组高压电容器、电抗器；（B）在配电变压器 0.4kV 低压母线上补偿；（C）在客户终端用电设备上进行补偿；（D）在配电变压器低压侧并联电容器。

5. 电力营销—农网配电营业工（台区经理）—高级工—多

选题—专业知识—中

剩余电流动作保护器安装后的调试要求叙述正确的是（ACD）。

（A）安装剩余电流动作总保护的低压电力网，其剩余电流应不大于保护器额定剩余动作电流的50%；（B）装设剩余电流动作保护的电动机的绝缘电阻应不大于0.5MΩ；（C）装设在进户线上的剩余电流动作保护器，其室内配线的绝缘电阻：晴天不宜小于0.5MΩ，雨季不宜小于0.08MΩ；（D）保护器安装后应进行如下检测：带负荷分、合开关3次；用试验按钮试验3次；各相用试验电阻接地试验3次。

6. 电力营销—农网配电营业工（台区经理）—高级工—多选题—专业知识—难

低压熔断器安装后，应（ABD）。

（A）熔断器安装位置及相互间距离应便于更换熔体；（B）瓷质熔断器在金属底板上安装时，其底座应垫软封垫；（C）熔断器什么方向安装都可以，但必须防止电弧飞落在临近带电部分；（D）管形熔断器两端的铜帽与熔体压紧，接触应良好。

7. 电力营销—农网配电营业工（台区经理）—高级工—多选题—专业知识—难

10kV配电设备接地安装时应注意（BC）。

（A）接地体顶面埋设深度不应小于0.3m；（B）电气装置的每个接地部分应以单独的接地线与接地干线连接；（C）接地体敷设位置不应妨碍设备的拆卸与检修；（D）有色金属接地线的连接只能采用焊接而不能采用螺栓连接。

8. 电力营销—农网配电营业工（台区经理）—高级工—多选题—专业知识—中

电杆起立时，（AB）。

（A）在电杆离地面1m左右时，应停止起立；（B）杆坑内严禁有人工作；（C）电杆直立后，不能立即进行杆根的回填土；

（D）在居民区和交通道路上施工时，无须专人看守。

9. 电力营销—农网配电营业工（台区经理）—高级工—多选题—专业知识—易

隔离开关可以（BCD）。

（A）用来直接接通、切断负荷电流和短路电流；（B）用来开闭无故障电压互感器；（C）可以开闭励磁电流不超过2A的空载变压器；（D）开闭阻抗很低的并联电路的转移电流。

10. 电力营销—农网配电营业工（台区经理）—高级工—多选题—专业知识—中

巡视35kV及以下电压等级的电缆线路时，应（BCD）。

（A）发现违反电力设施保护的规定而擅自施工的单位，应交由相关部门调查处理，考虑用户因素，不建议立即阻止其施工；（B）户外电缆的保护管良好，有锈蚀及碰撞损坏应及时处理；（C）电缆线路上不可堆物；（D）电缆终端无漏胶、漏油、放电现象。

11. 电力营销—农网配电营业工（台区经理）—高级工—多选题—专业知识—中

确定电能计量方式正确的是（ABCD）。

（A）用电计量装置若不在分界处，变压器的有功、无功损耗和线路损失由产权单位负担；（B）装设在35kV及以下的计量装置应设置专用互感器或专用计量柜；（C）大工业用户的生活照明用电应分表计量，按照明电价交、收电费；（D）对执行两部制电价，依功率因数调整电费的用户，必须装设有功电能表与无功电能表。

12. 电力营销—农网配电营业工（台区经理）—高级工—多选题—基础知识—中

绝缘电阻表使用方法正确的是（AB）。

（A）禁止摇测带电设备；（B））严禁在有人工作的线路上进

行测量；（C）使用绝缘电阻表摇测设备绝缘时，应由技术熟练的人单独进行；（D）摇测完电缆绝缘后，应先停止摇动，然后测量杆离开被测设备。

13. 电力营销—农网配电营业工（台区经理）—高级工—多选题—专业知识—中

装表接电工作竣工后，现场核查（ABCD）等内容。

（A）电能表安装是否牢固；（B）进户装置是否按设计要求安装；（C）安全距离是否足够；（D）有无工具等物件遗留在设备上。

14. 电力营销—农网配电营业工（台区经理）—高级工—多选题—专业知识—中

配电线路巡视的流程是（ABCD）。

（A）核对巡视线路的技术资料，准备巡视所需的工器具；（B）做好危险点分析，交代巡视范围、巡视内容，落实责任分工；（C）核对线路名称和巡视范围，进行巡视；（D）巡视结束后记录巡视手册。

15. 电力营销—农网配电营业工（台区经理）—高级工—多选题—专业知识—中

低压接户线安装危险点有（ABCD）。

（A）触电伤害；（B）高空坠落；（C）电杆倾倒伤人；（D）高空坠物伤人。

16. 电力营销—农网配电营业工（台区经理）—高级工—多选题—专业知识—中

功率因数过低，给电力系统带来（ABCD）不良影响。

（A）增大线路和变压器的功率和电能损耗；（B）使网络中的电压损失增大，造成供电质量降低；（C）使供电设备的供电能力降低；（D）增大企业电费开支，加大生产成本。

17. 电力营销—农网配电营业工（台区经理）—高级工—多选题—专业知识—中

配电线路路径选择的基本要求有（ABCD）。

（A）路径短、跨越、转角少，施工、运行维护方便；（B）不占或少占农田；（C）应避开洼地，避开易受山洪、雨水冲刷及易被车辆碰撞等地段；（D）避开有爆炸物、易燃物和可燃液（气）体的生产厂房、仓库、储罐等。

第四节　技师

1. 电力营销—农网配电营业工（台区经理）—技师—多选题—专业知识—中

10kV 杆上安装真空断路器，不属于防高空落物措施的是（ABD）。

（A）工作人员必须穿好工作服，穿绝缘鞋；（B）安全带应系在电杆及牢固的构件上；（C）使用传递绳上下传递物件；（D）登杆前必须判明停电线路名称、杆号。

2. 电力营销—农网配电营业工（台区经理）—技师—多选题—专业知识—中

关于配电网线路补偿论述正确的是（ABC）。

（A）线路补偿的补偿点不宜过多；（B）线路补偿的补偿容量也不宜过大；（C）线路补偿适用于功率因数低、负荷重的长线路；（D）线路补偿一般不采用固定补偿，因此存在适应能力差、重载情况下补偿度不足等问题。

3. 电力营销—农网配电营业工（台区经理）—技师—多选题—专业知识—中

隔离开关在运行中的维护项目有（ABCD）。

（A）清扫瓷件表面的尘土；（B）用汽油擦净刀片、触点或触指上的油污；（C）检查触头或刀片上的附件是否齐全，有无损坏；（D）检查连接隔离开关和母线、断路器的引线是否牢固，有

无过热现象。

4. 电力营销—农网配电营业工（台区经理）—技师—多选题—专业知识—中

低压断路器操动机构的安装应符合（ABCD）要求。

（A）操作手柄或传动杠杆的开、合位置应正确；（B）电动操动机构接线应正确；（C）断路器辅助触点动作应正确可靠，接触应良好；（D）抽屉式断路器的工作、试验、隔离三个位置的定位应明显，并应符合产品技术文件的规定。

5. 电力营销—农网配电营业工（台区经理）—技师—多选题—专业知识—难

（ABCD）是10kV杆上安装真空断路器的操作内容。

（A）检查所有接点并加绝缘罩或缠绕绝缘胶带；（B）安装真空断路器、隔离开关、避雷器；（C）连接高压引线及避雷器上下引线；（D）安装真空断路器支架、横担。

6. 电力营销—农网配电营业工（台区经理）—技师—多选题—专业知识—易

下列隔离开关的操作正确的是（AC）。

（A）检查相应回路的断路器确实在断开位置；（B）停电操作时，必须先拉隔离开关，后拉线路侧断路器，再拉母线侧隔离开关；（C）当远控电气操作失灵时，可在现场就地进行手动或电动操作；（D）若闭锁装置失灵或隔离，应立即无条件的进行解除闭锁操作。

7. 电力营销—农网配电营业工（台区经理）—技师—多选题—专业知识—易

电流互感器大致可分为（ABD）类型。

（A）户内式和户外式；（B）穿墙式、母线式、套管式和支持式；（C）干式、湿式；（D）单匝式和多匝式。

8. 电力营销—农网配电营业工（台区经理）—技师—多选题—专业知识—中

配电线路工程结束后，（ABC）是需要移交的工程资料。

（A）施工中的有关协议及文件；（B）施工记录图、安装技术记录；（C）交叉跨越记录，记录中应明确跨越设施、跨越距离、工作质量负责人；（D）接地记录（记录中必须有接地电阻值、测试时间等，可以不显示测验人姓名）。

9. 电力营销—农网配电营业工（台区经理）—技师—多选题—专业知识—中

（ABCD）是敷设电缆前期准备工作的内容。

（A）审核电缆排列断面图是否有交叉，走向是否合理，在电缆支架上排列出每根电缆的位置；（B）制作临时电缆牌；（C）沿敷设路径安装充足的安全照明，在不便施工处搭设脚手架；（D）在电缆隧道、沟道、竖井上下、电缆夹层及转弯处、十字交叉处都应绘出断面图。

10. 电力营销—农网配电营业工（台区经理）—技师—多选题—相关知识—中

安全性评价的作用是（ABC）。

（A）挖掘出安全生产责任制实施、生产环境、安全管理等方面的薄弱环节；（B）为制订“两措”计划提供可靠依据；（C）有利于克服盲目乐观情绪；（D）安全性评价对存在的危险性只进行定性分析。

11. 电力营销—农网配电营业工（台区经理）—技师—多选题—专业知识—中

装表接电工作竣工后检查的技术资料主要内容是（ABCD）。

（A）电能计量装置计量方式原理接线图，一、二次接线图，施工设计图和施工变更资料；（B）电压、电流互感器安装使用说明书、出厂检验报告、法定计量检定机构的检定证书；（C）计量柜（箱）的出厂检验报告、说明书；（D）施工过程中需要说明

的其他资料。

12. 电力营销—农网配电营业工（台区经理）—技师—多选题—专业知识—易

（BCD）不是故障巡视的工作内容。

（A）查明线路故障原因，找出故障点，便于及时处理并恢复送电；（B）了解线路和沿线情况，还对专职巡视员的工作进行检查和督导；（C）检查线路各元件运行情况，有无异常损坏现象，掌握线路及沿线的情况，并向群众做好防护宣传工作；（D）利用夜间对电火花观察特别敏感的特点，有针对性地检查导线接点及各部件节点有无发热、绝缘子因污秽或裂纹而放电的现象。

13. 电力营销—农网配电营业工（台区经理）—技师—多选题—专业知识—中

低压接户线安装作业前准备的消耗性材料包括（BCD）。

（A）绝缘导线：铜导线为16mm^2，铝导线为25mm^2；（B）电源箱：自动空气开关或熔断器，单（或三）相电能表等电气元件；（C）低压蝶式绝缘子；（D）防水自黏胶带、电力复合脂。

14. 电力营销—农网配电营业工（台区经理）—技师—多选题—专业知识—难

合理确定低压线损指标的步骤是（ABCDEF）。

（A）首先绘制台区负荷分布平面图；（B）计算台区理论线损值；（C）进行台区线损的实测与计算；（D）理论值和实测值进行比较，再根据地理条件差异、供电半径长短、负荷分散程度、设备状况等实际情况，根据实际经验认真分析，分别另加管理系数，根据不同的情况合理确定责任值；（E）依据历史数据，修正线损指标；（F）确定线损率指标。

15. 电力营销—农网配电营业工（台区经理）—技师—多选题—专业知识—中

（ABC）是真空断路器的优点。

(A) 灭弧能力强，燃弧时间短，全分断时间短；(B) 触头开距小，机械寿命较长；(C) 体积小、质量轻，维护工作量小；(D) 真空灭弧室的真空度在运行中能随时检查。

16. 电力营销—农网配电营业工（台区经理）—技师—多选题—专业知识—中

接地装置在巡视检查中，若发现（ABCD）时，应予以修复。

(A) 接地电阻值超过原规定值；(B) 接地线连接处焊接开裂；(C) 地中埋设件被水冲刷或由于挖土而裸露地面；(D) 接地线有机械性损伤、断股等。

17. 电力营销—农网配电营业工（台区经理）—技师—多选题—专业知识—难

以下关于低压动力供电系统设置原则叙述正确的是（ABD）。

(A) 在潮湿、有腐蚀性的车间、建筑内，宜采用放射式接线方式配电；(B) 对单相用电设备进行配电时，应力求做到三相平衡配置；(C) 对冲击性负荷和容量较大的电焊设备，无须设置单独线路进行供电；(D) 对用电单位内部的邻近变电站之间应设置低压联络线。

18. 电力营销—农网配电营业工（台区经理）—技师—多选题—专业知识—中

箱式变电站内变压器的维护内容有（ABC）。

(A) 套管是否清洁，有无裂纹、损伤、放电痕迹；(B) 呼吸器是否正常，有无堵塞现象；(C) 各个电气连接点有无锈蚀、过热和烧损现象；(D) 清除箱式变电站周围的杂物。

第三章　判断题

第一节　初级工

1. 电力营销—农网配电营业工（台区经理）—初级工—判断题—基础知识—易

电力企业的营业管理工作属电力销售环节。(√)

2. 电力营销—农网配电营业工（台区经理）—初级工—判断题—基础知识—易

供电量就是售电量。(×)

解析： 供电量不是售电量，发电量 > 供电量 > 售电量。

3. 电力营销—农网配电营业工（台区经理）—初级工—判断题—专业知识—易

某 10kV 非工业用户装 100kVA 专用变压器用电，其计量装置在二次侧的，应免收变压器损失电量电费。(×)

解析： 某 10kV 非工业用户装 100kVA 专用变压器用电，其计量装置在二次侧的，应收变压器损失电量电费。

4. 电力营销—农网配电营业工（台区经理）—初级工—判断题—专业知识—易

处理日常营业工作属于业务扩充工作的内容。(×)

解析： 业务扩充工作属于日常营业工作的内容。

5. 电力营销—农网配电营业工（台区经理）—初级工—判断题—专业知识—难

三相四线负荷用户要装三相三线电能表。(×)

解析： 三相四线负荷用户不能装三相三线电能表。

6. 电力营销—农网配电营业工（台区经理）—初级工—判断题—专业知识—难

以变压器容量计算基本电费的用户，属热备用状态的或未经加封的变压器，不论使用与否都计收基本电费。(√)

7. 电力营销—农网配电营业工（台区经理）—初级工—判断题—专业知识—易

低压三相电源和负载一般都按星形连接。(√)

8. 电力营销—农网配电营业工（台区经理）—初级工—判断题—专业知识—中

当直线杆装有人字拉线时，也属于承力杆。(×)

解析：当直线杆装上人字拉线时，主要起防风加固作用，不属于承力杆。

9. 电力营销—农网配电营业工（台区经理）—初级工—判断题—专业知识—中

不同金属，不同规格，不同绞向的导线，严禁在档距内连接。(√)

10. 电力营销—农网配电营业工（台区经理）—初级工—判断题—基本技能—易

杆上作业时，应将工具放在方便工作的位置。(×)

解析：杆上作业时，应将暂时不使用的工具放在工具袋中。

11. 电力营销—农网配电营业工（台区经理）—初级工—判断题—基本技能—易

用扳手紧松螺母时，手离扳手头部越远，越省力。(√)

12. 电力营销—农网配电营业工（台区经理）—初级工—判断题—基本技能—易

兆欧表在使用时，只要保证转速为120r/min，就能保证测量

结果的准确性。(×)

解析：兆欧表在使用时，保证120r/min，是保证测量结果准确性的条件之一。

13. 电力营销—农网配电营业工（台区经理）—初级工—判断题—专门技能—易

直线杆绑扎法，是将直线杆上的导线放在针式绝缘子的边槽内进行绑扎固定。(×)

解析：直线杆绑扎法，是将直线杆上的导线放在针式绝缘子的顶槽内进行绑扎固定。

14. 电力营销—农网配电营业工（台区经理）—初级工—判断题—专门技能—易

装设拉线时，普通拉线与电杆的夹角一般为45°，受地形限制时不应小于30°。(√)

15. 电力营销—农网配电营业工（台区经理）—初级工—判断题—专门技能—中

在配电线路放线时，采用放线滑轮可达到既省力又不会磨伤导线的目的。(√)

16. 电力营销—农网配电营业工（台区经理）—初级工—判断题—专门技能—中

导线在档距内接头处的电阻值不应大于等长度导线的电阻值。(√)

17. 电力营销—农网配电营业工（台区经理）—初级工—判断题—相关专业—易

变压器着火时，可采用泡沫灭火剂灭火。(×)

解析：变压器着火时，不能采用泡沫灭火剂灭火。

18. 电力营销—农网配电营业工（台区经理）—初级工—判

断题—专门技能—易

由于配电线路电压较低，故裸导线在绝缘子上固定时，无须缠绕铝包带。(×)

解析：为保护裸导线在绝缘子中不被磨损，必须缠绕铝包带。

19. 电力营销—农网配电营业工（台区经理）—初级工—判断题—专门技能—易

电杆装配各部螺栓穿向要求：垂直地面者一律由下方向上方穿入。(√)

20. 电力营销—农网配电营业工（台区经理）—初级工—判断题—专门技能—难

配电装置平常不带电的金属部分，无须与接地装置做可靠的电气连接。(×)

解析：配电装置平常不带电的金属部分，必须与接地装置做可靠的电气连接。

21. 电力营销—农网配电营业工（台区经理）—初级工—判断题—专业知识—易

单相电能表当电压线圈烧断时，流过电流线圈的负荷仍能使该表转盘走动。(×)

解析：单相电能表当电压线圈烧断时，电能表没有电压，所以不能使该表转盘走动。

22. 电力营销—农网配电营业工（台区经理）—初级工—判断题—专业知识—易

电能表误差超出允许范围时，退补电费时间：从上次校验或换表后投入之日至误差更正日止。(×)

解析：电能表误差超出允许范围时，退补电费时间：从上次校验或换表后投入之日至误差更正日的1/2时间。

23. 电力营销—农网配电营业工（台区经理）—初级工—判断题—专门技能—易

单股铜芯线连接，可用铰接法，其绞线长度为导线直径的10倍。(√)

24. 电力营销—农网配电营业工（台区经理）—初级工—判断题—专门技能—中

配电盘前的操作通道的宽度一般不应小于1.5m。(√)

25. 电力营销—农网配电营业工（台区经理）—初级工—判断题—专门技能—易

电流互感器二次导线截面不大于2.5mm^2。(×)

解析：电流互感器二次导线截面不小于2.5mm^2。

26. 电力营销—农网配电营业工（台区经理）—初级工—判断题—专门技能—易

计量柜中电能表安装高度距地面不应低于600mm。(√)

27. 电力营销—农网配电营业工（台区经理）—初级工—判断题—专门技能—易

横担安装必须水平，其倾斜度不得大于5%。(×)

解析：横担安装必须水平，其倾斜度不得大于1%。

28. 电力营销—农网配电营业工（台区经理）—初级工—判断题—专门技能—易

进户点的位置应明显易见，便于施工操作和维护。(√)

29. 电力营销—农网配电营业工（台区经理）—初级工—判断题—专门技能—中

对35kV以上供电的用户，电流、电压互感器应有专用的二次绕组。(×)

解析：对35kV以上供电的用户，电流互感器应有专用的二次绕组。

30. 电力营销—农网配电营业工（台区经理）—初级工—判断题—专门技能—易

塑料护套线不适用于室内潮湿环境。(×)

解析：塑料护套线适用于室内潮湿环境。

31. 电力营销—农网配电营业工（台区经理）—初级工—判断题—基础知识—易

短路是指回路中不经负载，相线之间、相线与零线之间造成的直接连接。(√)

32. 电力营销—农网配电营业工（台区经理）—初级工—判断题—基础知识—易

功率是单位时间内电压单独作用下产生的一种电能。(×)

解析：功率是单位时间内电压与电流共同作用下产生的一种电能。

33. 电力营销—农网配电营业工（台区经理）—初级工—判断题—基础知识—中

高压配电系统双回路同时工作会增大功率损失和电压损失。(×)

解析：高压配电系统双回路同时工作会减小功率损失和电压损失。

34. 电力营销—农网配电营业工（台区经理）—初级工—判断题—相关知识—难

高压配电系统环式接线的优点在于系统所用设备少、故障率低、供电可靠性较高且运行灵活。(√)

35. 电力营销—农网配电营业工（台区经理）—初级工—判断题—专业知识—易

低压配电系统中，若中性线与保护线完全分开，各用一根导线，称为 TN – S 系统。(√)

36. 电力营销—农网配电营业工（台区经理）—初级工—判断题—专业知识—难

在输送相同负荷的情况下，更换截面大的导线，可增大线路的功率损耗。(×)

解析：在输送相同负荷的情况下，更换截面大的导线，可减小线路的功率损耗。

37. 电力营销—农网配电营业工（台区经理）—初级工—判断题—基础知识—中

配电所运行的单母线起着接受电能和分配电能的作用，可等效为一个节点，符合基尔霍夫第一定律。(√)

38. 电力营销—农网配电营业工（台区经理）—初级工—判断题—专业知识—易

对于不同截面的单芯铜导线的连接通常采用绑扎方式。(√)

39. 电力营销—农网配电营业工（台区经理）—初级工—判断题—专业知识—易

配电线路中大截面导线的连接方法主要有钳压和液压两种形式。(√)

40. 电力营销—农网配电营业工（台区经理）—初级工—判断题—基础知识—易

统计线损是供电量与售电量之差。(√)

41. 电力营销—农网配电营业工（台区经理）—初级工—判断题—相关知识—难

采用低耗的设备是降低线损的基本途径。(√)

42. 电力营销—农网配电营业工（台区经理）—初级工—判断题—相关知识—中

电网结构的不合理对线损高低是没有影响的。(×)

解析：电网结构的不合理会增加线损。

43. 电力营销—农网配电营业工（台区经理）—初级工—判断题—专业知识—难

在负荷端补偿无功不可以降低线损。(×)

解析：在负荷端补偿无功可以降低线损。

44. 电力营销—农网配电营业工（台区经理）—初级工—判断题—相关知识—难

电气设备绝缘部件或线路的绝缘子污秽严重，一点也不会影响线损的。(×)

解析：电气设备绝缘部件或线路的绝缘子污秽严重，线损会增加的。

45. 电力营销—农网配电营业工（台区经理）—初级工—判断题—专业知识—中

无功补偿的意义是提高供电线路的功率因数。(√)

46. 电力营销—农网配电营业工（台区经理）—初级工—判断题—基础知识—难

功率因数越低，则沿线的电压降越大。(√)

47. 电力营销—农网配电营业工（台区经理）—初级工—判断题—基础知识—难

低压并联电容器采用自动投切，其控制量可选用有功功率信号。(×)

解析：低压并联电容器采用自动投切，其控制量可选用无功功率信号。

48. 电力营销—农网配电营业工（台区经理）—初级工—判断题—相关知识—难

为实现供电线路功率因数的持续提高，并联电容器的控制方式宜采用自动重合闸。(×)

解析： 并联电容器的控制方式严禁采用自动重合闸。

49. 电力营销—农网配电营业工（台区经理）—初级工—判断题—相关知识—难

端子排可以减少导线的交叉，同时方便支路的分出。(√)

50. 电力营销—农网配电营业工（台区经理）—初级工—判断题—专业知识—难

配电线路路径图无须表明线路途径中的线路跨越特征。(×)

解析： 配电线路路径图必须表明线路途径中的线路跨越特征。

51. 电力营销—农网配电营业工（台区经理）—初级工—判断题—相关知识—中

真空灭弧室的真空度在设备巡视中应当随时检查。(×)

解析： 真空灭弧室的真空度在设备巡视中不能随时检查。

52. 电力营销—农网配电营业工（台区经理）—初级工—判断题—专业知识—中

电压互感器二次侧相电压的额定值为 100V。(×)

解析： 电压互感器二次侧线电压的额定值为 100V。

53. 电力营销—农网配电营业工（台区经理）—初级工—判断题—专业知识—难

电流互感器一、二次侧绕组接线端子上的极性不准接错，即当一次电流从 L_1 流向 L_2 时，二次电流从 K_1 经负载流向 K_2。(√)

54. 电力营销—农网配电营业工（台区经理）—初级工—判断题—相关知识—中

由于电压互感器负载阻抗大，通过的电流小，因此相当于变压器的空载运行。(√)

55. 电力营销—农网配电营业工（台区经理）—初级工—判断题—专业知识—易

熔断器在电路中属于一种保护电器。(√)

56. 电力营销—农网配电营业工（台区经理）—初级工—判断题—专业知识—易

交流接触器触点可分为主触点和辅助触点。(√)

57. 电力营销—农网配电营业工（台区经理）—初级工—判断题—相关知识—难

动合触点在其线圈不带电的情况下是在闭合接通状态。(×)

解析：动合触点在其线圈不带电的情况下是在断开状态。

58. 电力营销—农网配电营业工（台区经理）—初级工—判断题—基础知识—易

行程开关的作用与按钮是一样的。(√)

59. 电力营销—农网配电营业工（台区经理）—初级工—判断题—专业知识—中

图3－1为用一只单连开关控制一盏灯的接线图。(√)

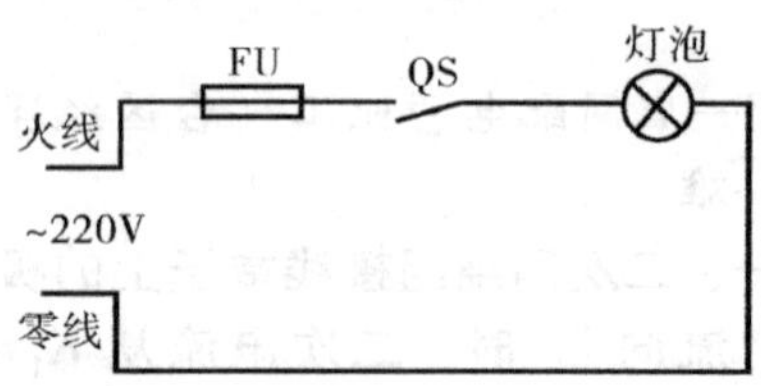

图3－1

60. 电力营销—农网配电营业工（台区经理）—初级工—判断题—基础知识—中

图 3 –2 为单相桥式整流电路图。（√）

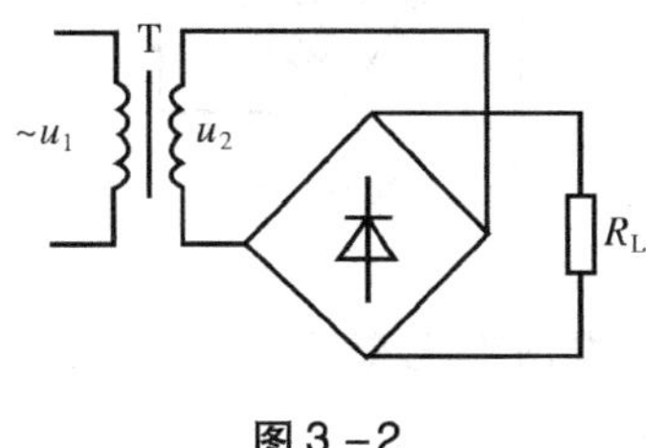

图 3 –2

61. 电力营销—农网配电营业工（台区经理）—初级工—判断题—专业知识—中

图 3 –3 为单相电能表的安装接线示意图。（ × ）

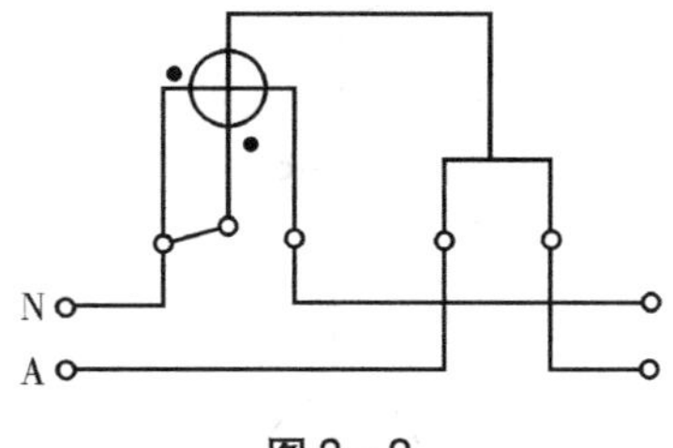

图 3 –3

解析： 如图 3 –4 所示。

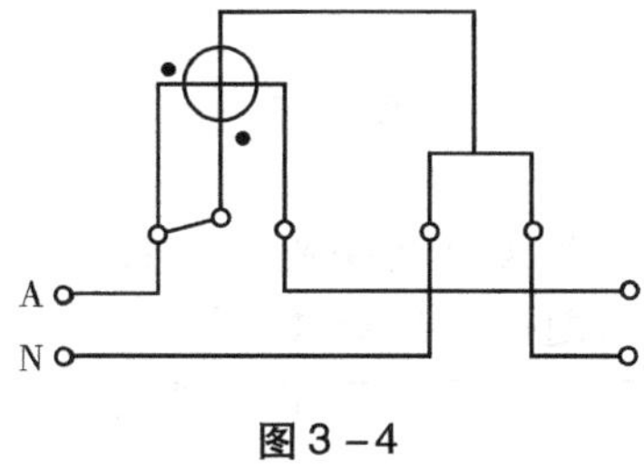

图 3 –4

62. 电力营销—农网配电营业工（台区经理）—初级工—判断题—专业知识—中

图 3 -5 为滑盘安装底盘的示意图。(√)

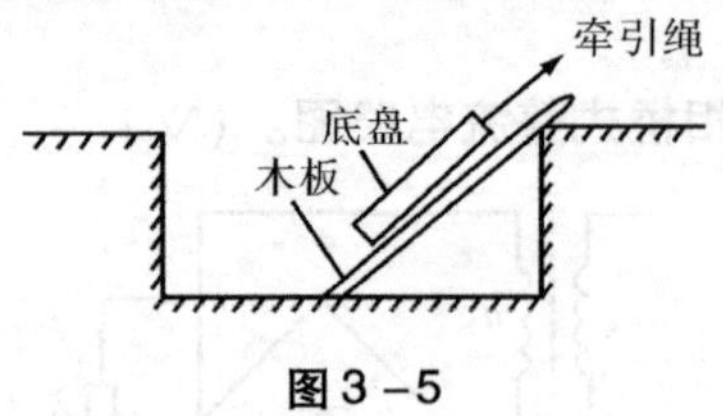

图 3 -5

63. 电力营销—农网配电营业工（台区经理）—初级工—判断题—专业知识—易

图 3 -6 所示图形符号为电抗器。(×)

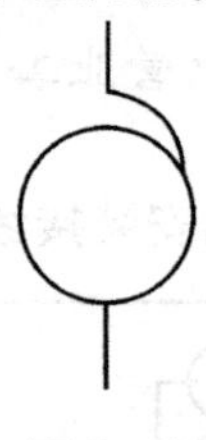

图 3 -6

解析： 如图 3 -7 所示。

图 3 -7

64. 电力营销—农网配电营业工（台区经理）—初级工—判断题—专业知识—易

图 3 -8 所示图形符号为三相双绕组变压器。(√)

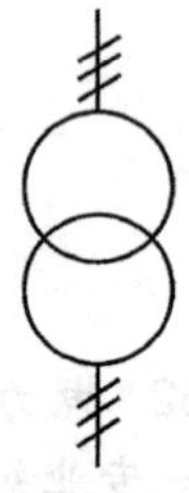

图 3 -8

65. 电力营销—农网配电营业工（台区经理）—初级工—判断题—专业知识—易

图3-9所示图形符号为隔离开关。(√)

图3-9

66. 电力营销—农网配电营业工（台区经理）—初级工—判断题—专业知识—易

图3-10所示图形符号为断路器。(√)

图3-10

67. 电力营销—农网配电营业工（台区经理）—初级工—判断题—专业知识—易

图3-11所示图形符号为避雷器。(√)

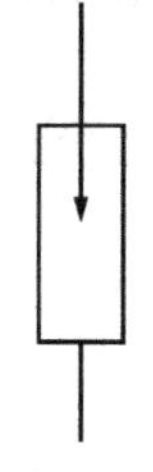

图3-11

68. 电力营销—农网配电营业工（台区经理）—初级工—判断题—基础知识—易

图3－12为电阻先并联后串联的电路示意图。(√)

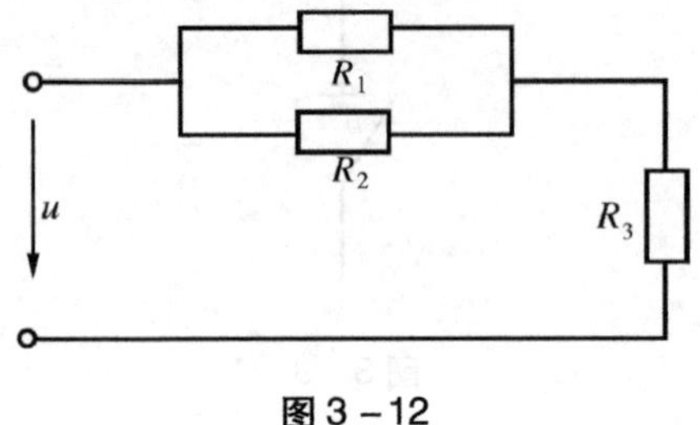

图3－12

69. 电力营销—农网配电营业工（台区经理）—初级工—判断题—基础知识—易

图3－13为1个电阻、1个开关、1个电源组成的简单直流电路图。(√)

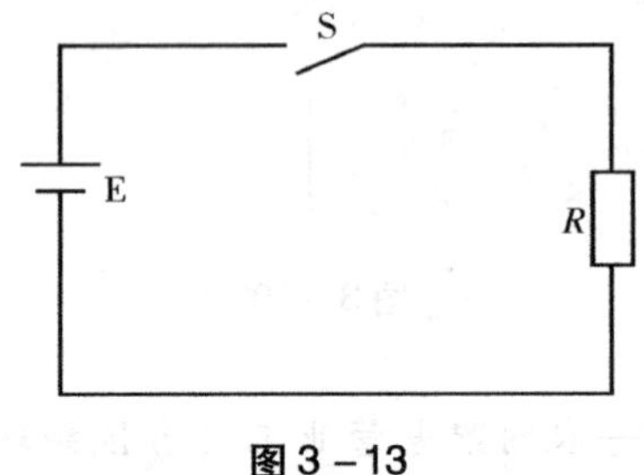

图3－13

70. 电力营销—农网配电营业工（台区经理）—初级工—判断题—基础知识—中

图3－14为纯电阻正弦交流电路中的电压和电流的相量图。(√)

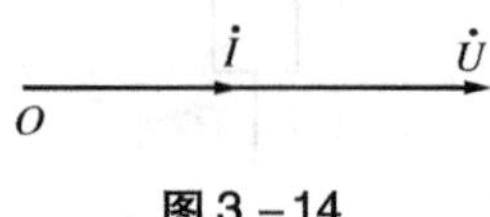

图3－14

71. 电力营销—农网配电营业工（台区经理）—初级工—判断题—基础知识—中

图 3－15 为 N、S 两极间的磁力线分布情况示意图。（×）

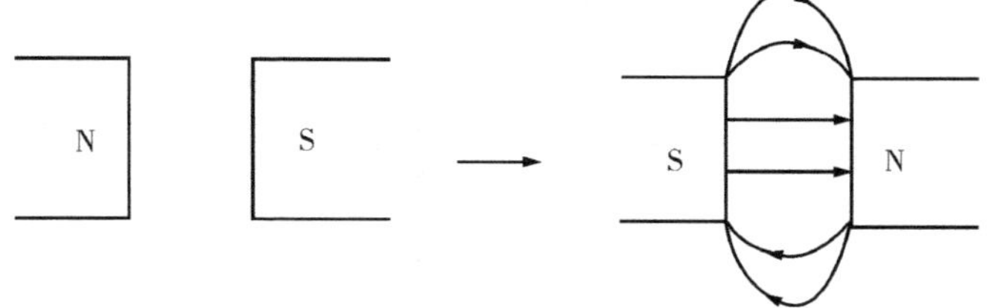

图 3－15

解析： 如图 3－16 所示。

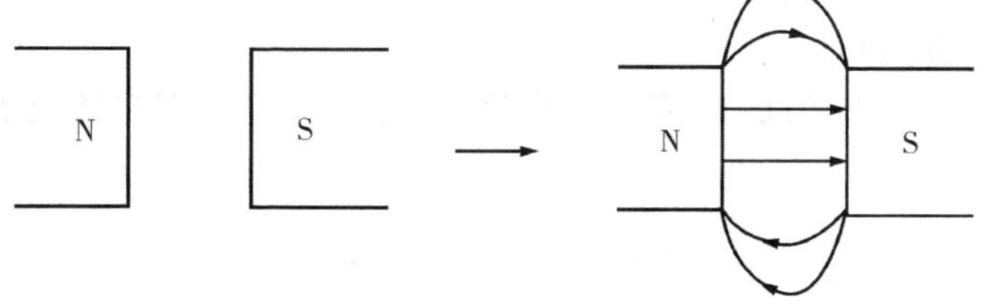

图 3－16

72. 电力营销—农网配电营业工（台区经理）—初级工—判断题—基础知识—中

图 3－17 为磁场中通电导线的受力方向。（√）

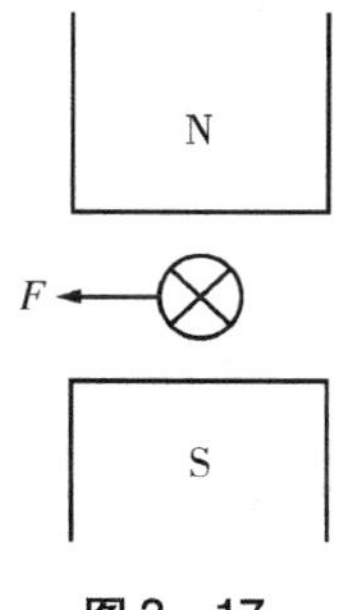

图 3－17

73. 电力营销—农网配电营业工（台区经理）—初级工—判断题—基础知识—中

图3－18 中标出通电导线间相互作用力的方向是正确的。（√）

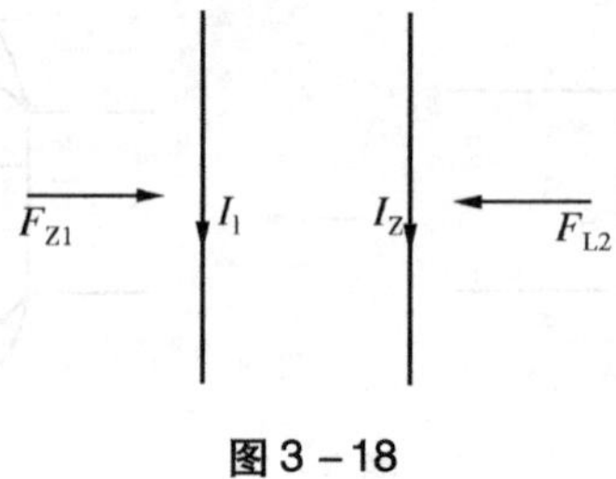

图3－18

74. 电力营销—农网配电营业工（台区经理）—初级工—判断题—专业知识—中

图3－19 为由镇流器、启辉器组成的荧光灯电路接线图。（√）

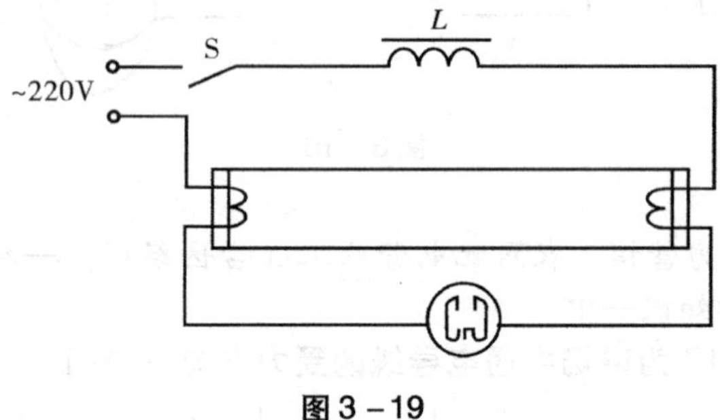

图3－19

第二节　中级工

1. 电力营销—农网配电营业工（台区经理）—中级工—判断题—基础知识—易

电路有三种状态，即短路、断路和通路。（√）

2. 电力营销—农网配电营业工（台区经理）—中级工—判断题—基础知识—易

物体带电的原因是物质电子的得失。(√)

3. 电力营销—农网配电营业工（台区经理）—中级工—判断题—基础知识—易

所谓关联方向，就是电压与电流的参考方向相反。(×)

解析：所谓关联方向，就是电压与电流的参考方向相同。

4. 电力营销—农网配电营业工（台区经理）—中级工—判断题—基础知识—易

通电线圈的电流的大小与本线圈磁力成反比。(×)

解析：通电线圈的电流的大小与本线圈磁力成正比。

5. 电力营销—农网配电营业工（台区经理）—中级工—判断题—基础知识—易

没有形成回路就没电流存在。(√)

6. 电力营销—农网配电营业工（台区经理）—中级工—判断题—基础知识—易

磁感应强度和磁通都是反映磁场强弱的物理量。(√)

7. 电力营销—农网配电营业工（台区经理）—中级工—判断题—专业知识—易

尖峰电流多出现在电气设备启动时。(√)

8. 电力营销—农网配电营业工（台区经理）—中级工—判断题—专业知识—易

在电网中循环进行电磁能量转换和电能电场能转换的功率叫无功功率。(√)

9. 电力营销—农网配电营业工（台区经理）—中级工—判断题—专业知识—易

在我国规定 10kV 电压级为中压电网。(√)

10. 电力营销—农网配电营业工（台区经理）—中级工—判断题—专业知识—易

负荷变动不会引起线损率变化。(×)

解析：负荷变动会引起线损率变化。

11. 电力营销—农网配电营业工（台区经理）—中级工—判断题专业知识—易

电容器过电压不影响安全运行。(×)

解析：电容器过电压，易引起绝缘老化，发生击穿，引起火灾。

12. 电力营销—农网配电营业工—中级工—判断题—专业知识—易

同名端没有反映磁耦合线圈的绕向问题。(×)

解析：同名端反映磁耦合线圈的相对绕向。

13. 电力营销—农网配电营业工（台区经理）—中级工—判断题—专业知识—易

改变变压器原线圈的匝数，可以改变二次侧的电压。(√)

14. 电力营销—农网配电营业工（台区经理）—中级工—判断题—专业知识—易

低压配电线中规定220V线路最高工作电压为250V。(√)

15. 电力营销—农网配电营业工（台区经理）—中级工—判断题—专业知识—易

线损电量是供电量减去售电量得到的。(√)

16. 电力营销—农网配电营业工（台区经理）—中级工—判断题—专业知识—易

电压互感器二次侧的相电压为100V。(×)

解析：电压互感器二次侧的线电压为100V。

17. 电力营销—农网配电营业工（台区经理）—中级工—判断题—专业知识—易

TA 二次回路上防止开路是为了输电线路计量准确的需要。(×)

解析：TA 二次回路上防止开路是为了防止二次侧出现高电压、铁芯发热。

18. 电力营销—农网配电营业工（台区经理）—中级工—判断题—专业知识—易

无功补偿后功率因数提高了，所以功率角变大了。(×)

解析：无功补偿后功率因数提高了，所以功率角变小了。

19. 电力营销—农网配电营业工（台区经理）—中级工—判断题—专业知识—易

低压电器的绝缘电压为 250V。(×)

解析：低压电器的绝缘电压应高于工作电压。

20. 电力营销—农网配电营业工（台区经理）—中级工—判断题专业知识—易

电缆井内工作时打开一只井盖即可。(×)

解析：电缆井内工作时禁止只打开一只井盖。

21. 电力营销—农网配电营业工（台区经理）—中级工—判断题—相关知识—易

并联电容器组的基本接线方式有两种：一种是星形，一种是三角形。(√)

22. 电力营销—农网配电营业工（台区经理）—中级工—判断题—相关知识—易

过电流保护是变压器的主保护。(×)

解析：瓦斯保护和差动保护是变压器的主保护。

23. 电力营销—农网配电营业工（台区经理）—中级工—判

断题—相关知识—易

倒闸操作应遵循顺序。(√)

24. 电力营销—农网配电营业工（台区经理）—中级工—判断题—相关知识—易

母线起着集中接受电能和向多个用户馈电分配电能的作用。(√)

25. 电力营销—农网配电营业工（台区经理）—中级工—判断题—相关知识—易

绝缘材料的吸收比大于1.3说明材料受潮严重。(×)

解析：绝缘材料的吸收比大于1.3说明材料是干燥的。

26. 电力营销—农网配电营业工（台区经理）—中级工—判断题—相关知识—易

一般情况下，绝缘材料的电阻随温度的升高而升高。(×)

解析：一般情况下，绝缘材料的电阻随温度的升高而减小。

27. 电力营销—农网配电营业工（台区经理）—中级工—判断题—基础知识—易

设备在能量转换和传输过程中，输出能量与输入能量之比称为设备效率。(√)

28. 电力营销—农网配电营业工（台区经理）—中级工—判断题—基础知识—易

两部制电价中基本电费最大需量的计算，以用户在15min内的月平均最大负荷为计算依据。(√)

29. 电力营销—农网配电营业工（台区经理）—中级工—判断题—基础知识—中

合理选择电气设备的容量并减少所取用的无功功率是改善功率因数的基本措施，又称为提高自然功率因数。(√)

30. 电力营销—农网配电营业工（台区经理）—中级工—判断题—专业知识—易

电能表的准确度等级为2.0，即其基本误差不小于±2.0%。(×)

解析： 电能表的准确度等级为2.0，即其基本误差不大于±2.0%。

31. 电力营销—农网配电营业工（台区经理）—中级工—判断题—专业知识—易

导线之间保持一定距离，是为了防止相间短路和导线发生气体放电现象。(√)

32. 电力营销—农网配电营业工（台区经理）—中级工—判断题—专业知识—难

漆属于绝缘材料，故避雷针（网、带）涂漆均会影响其保护作用。(×)

解析： 避雷针表面喷漆并不影响它的避雷效果。

33. 电力营销—农网配电营业工（台区经理）—中级工—判断题—专业知识—难

采用环路式接地装置可降低跨步电压和接触电压。(√)

34. 电力营销—农网配电营业工（台区经理）—中级工—判断题—相关知识—难

低压中性点接地系统中，人体在无绝缘情况下直接触及三个相线中任何一相时，将承受220V电压。(√)

35. 电力营销—农网配电营业工（台区经理）—中级工—判断题—相关知识—难

电气绝缘安全用具是用来防止工作人员走错停电间隔或误触带电设备的安全工具。(×)

解析： 电气安全用具是用来防止电气工作人员在工作中发生

触电、电弧灼伤、高空坠落等事故的工具。

36. 电力营销—农网配电营业工（台区经理）—中级工—判断题—相关知识—难

不得将接户线从一根短木杆跨接到另一根短木杆。(√)

37. 电力营销—农网配电营业工（台区经理）—中级工—判断题—基本技能—难

角钢横担与电杆的安装部位，必须装有一块弧形垫铁，而弧度必须与安装处电杆的外圆弧度配合。(√)

38. 电力营销—农网配电营业工（台区经理）—中级工—判断题—基本技能—难

各种线夹除承受机械荷载外，还是导电体。(√)

39. 电力营销—农网配电营业工（台区经理）—中级工—判断题—基本技能—难

钢丝绳套在制作时，应将每股线头进行绑扎处理，以免在操作中散股。(√)

40. 电力营销—农网配电营业工（台区经理）—中级工—判断题—基本技能—难

电压相序接反，有功电能表将反转。(×)

解析：电压相序接反不是反转而是读数完全错误。

41. 电力营销—农网配电营业工（台区经理）—中级工—判断题—基本技能—难

在选用拉线棒时，其直径不应小于14mm，拉线棒一般采用镀锌防腐。(×)

解析：在选用拉线棒时，其直径不应小于*16mm*，拉线棒一般采用镀锌防腐。

42. 电力营销—农网配电营业工（台区经理）—中级工—判断题—基本技能—难

在小导线进行直接捻接时，只需将绝缘层除去，即可进行连接。(×)

解析：在小导线进行直接捻接时，将绝缘层除去，用砂布把导线端部擦光，再进行捻接。

43. 电力营销—农网配电营业工（台区经理）—中级工—判断题—专门技能—难

钢锯安装锯条时，锯齿尖应向前，锯条要调紧，越紧越好。(×)

解析：钢锯安装锯条时，锯齿尖应向前，锯条松紧要调适当。

44. 电力营销—农网配电营业工（台区经理）—中级工—判断题—专门技能—难

线路施工定位测量工具包括经纬仪、视距尺、皮尺及标志杆等。(√)

45. 电力营销—农网配电营业工（台区经理）—中级工—判断题—相关技能—难

滑车轮槽不均匀磨损5mm以上者，不得使用。(×)

解析：滑车轮槽不均匀磨损3mm以上者，不得使用。

46. 电力营销—农网配电营业工（台区经理）—中级工—判断题—相关技能—难

起重时，如需多人绑挂时，应由一人负责指挥。(√)

47. 电力营销—农网配电营业工（台区经理）—中级工—判断题—专业知识—中

图3-20为配电线路施工设置的耐张杆塔临时拉线示意图。(√)

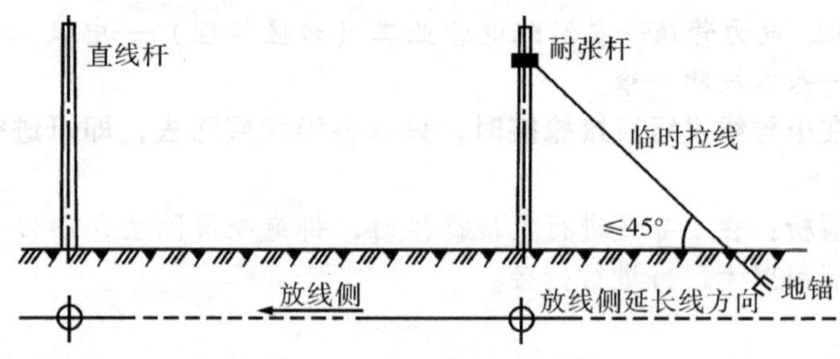

图3－20

48. 电力营销—农网配电营业工（台区经理）—中级工—判断题—专业知识—中

图3－21为配电线路施工电杆基础施工的基本工艺流程图。(√)

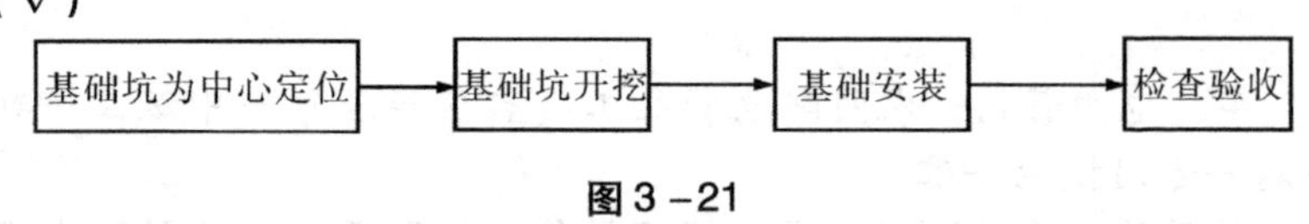

图3－21

49. 电力营销—农网配电营业工（台区经理）—中级工—判断题—专业知识—中

图3－22中电气设备⑤～⑩名称正确。(×)

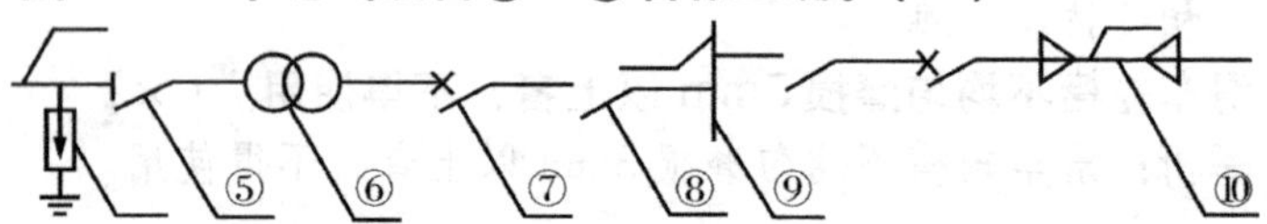

⑤断路器 ⑥变压器 ⑦隔离开关 ⑧隔离开关 ⑨母线 ⑩电缆

图3－22

解析：如图3－23所示。

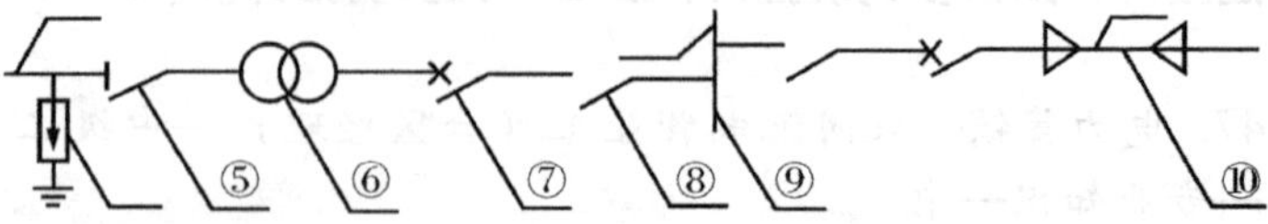

⑤隔离开关；⑥变压器；⑦断路器；⑧隔离开关；⑨母线；⑩电缆

图3－23

50. 电力营销—农网配电营业工（台区经理）—中级工—判断题—专业知识—中

图 3-24 所示的用四极法测量电动机接地电阻的测试接线图是正确的。(√)

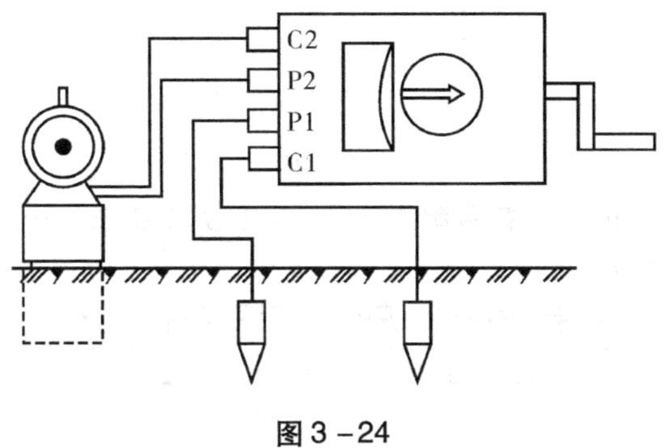

图 3-24

51. 电力营销—农网配电营业工（台区经理）—中级工—判断题—基础知识—易

图 3-25 所示的交流纯电容电路电流、电压相量图是正确的。(√)

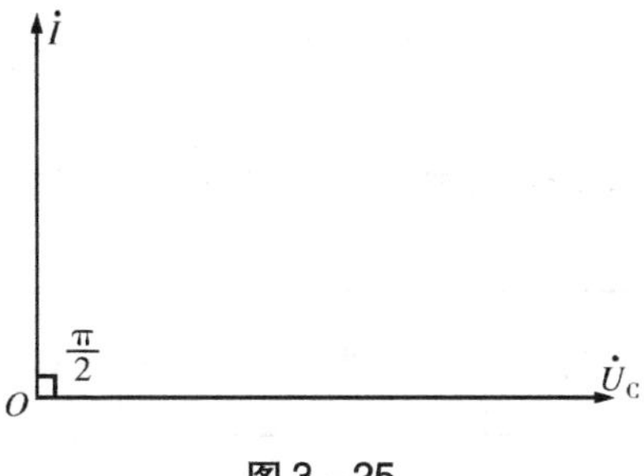

图 3-25

52. 电力营销—农网配电营业工（台区经理）—中级工—判断题—基础知识—易

图 3-26 所示交流纯电感电路电流、电压相量图是正确的。(√)

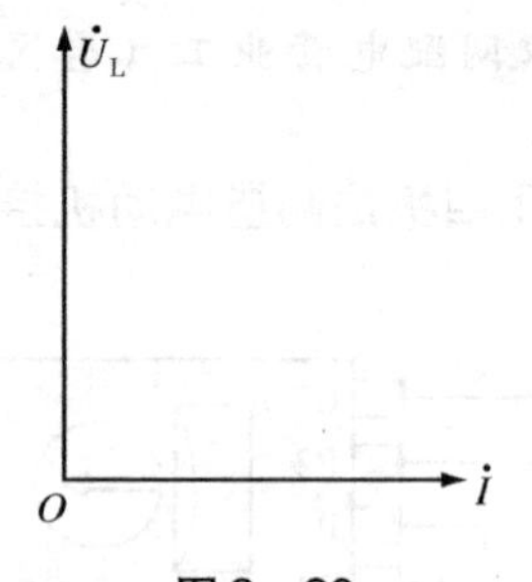

图 3 - 26

53. 电力营销—农网配电营业工（台区经理）—中级工—判断题—专业知识—中

图 3 - 27 是普通灯具安装的工艺流程图。(×)

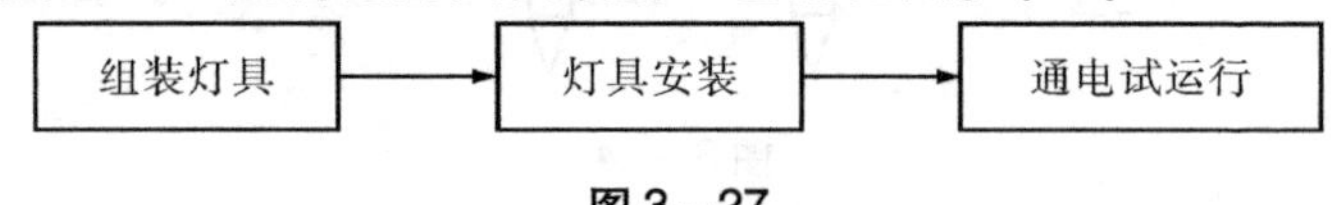

图 3 - 27

解析： 如图 3 - 28 所示。

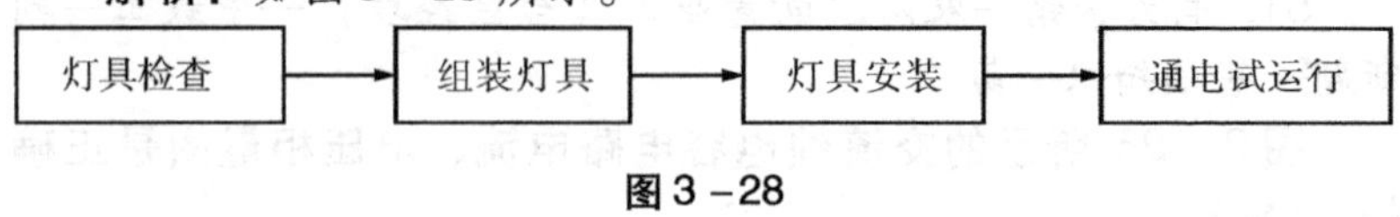

图 3 - 28

54. 电力营销—农网配电营业工（台区经理）—中级工—判断题—专业技能—中

图 3 - 29 为供电所标准化管理工作中电压检测点管理工作流程图。(√)

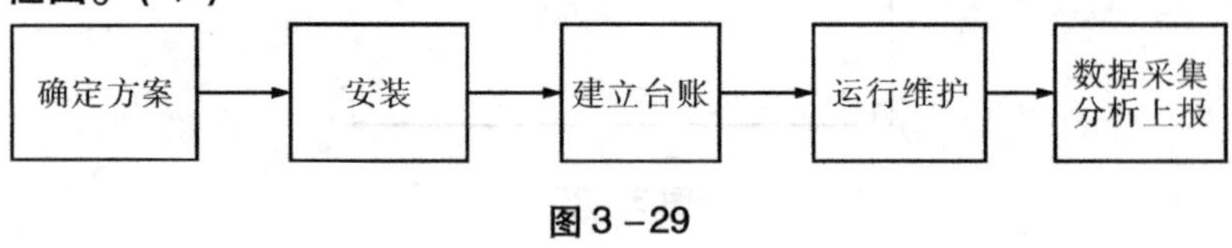

图 3 - 29

第三节　高级工

1. 电力营销—农网配电营业工（台区经理）—高级工—判断题—基础知识—中

电流的实际方向与规定的正电荷运动方向作为电流的方向是一致。(×)

解析：电流的实际方向与规定的正电荷运动方向作为电流的方向是相反的。

2. 电力营销—农网配电营业工（台区经理）—高级工—判断题—基础知识—中

电容器两块极板上积的电荷量之和与加在电容器两端的电压成正比。(√)

3. 电力营销—农网配电营业工（台区经理）—高级工—判断题—基础知识—中

互感现象中，原边和副边的互感系数是一样的。(√)

4. 电力营销—农网配电营业工（台区经理）—高级工—判断题—专业知识—中

从信息角度看配电管理自动化是一个信息收集和处理系统。(√)

5. 电力营销—农网配电营业工（台区经理）—高级工—判断题—专业知识—中

气体继电器不可以作用于变压器两侧或三侧断路器跳闸。(×)

解析：气体继电器可以作用于变压器两侧或三侧断路器跳闸。

6. 电力营销—农网配电营业工（台区经理）—高级工—判断题—专业知识—中

工作人员在接触运行中的电表箱前要先验其无电方可接触。(√)

7. 电力营销—农网配电营业工（台区经理）—高级工—判断题—专业知识—中

保护线 PE 的作用是保证人身安全。(√)

8. 电力营销—农网配电营业工（台区经理）—高级工—判断题—专业知识—中

低压并联电容器装置采取自动投切，因而它们控制量中一定有时间。(√)

9. 电力营销—农网配电营业工（台区经理）—高级工—判断题—专业知识—中

电抗器可以产生容性无功功率。(×)

解析：电抗器可以产生感性无功功率。

10. 电力营销—农网配电营业工（台区经理）—高级工—判断题—专业知识—中

带电装表接电应采取防止电压短路和电流开路的安全措施。(√)

11. 电力营销—农网配电营业工（台区经理）—高级工—判断题—专业知识—中

在线路发生故障时，离故障点距离近的熔断器要先熔断。(√)

12. 电力营销—农网配电营业工（台区经理）—高级工—判断题—专业知识—中

配电变压器台架的水平顺线路的螺栓是由负荷侧向电源侧穿入紧固的。(×)

解析：配电变压器台架的水平顺线路的螺栓是由电源侧向负荷侧穿入。

13. 电力营销—农网配电营业工（台区经理）—高级工—判断题—专业知识—中

专责监护人可以不考虑监护范围兼做其他工作。(×)

解析：专责监护人不可以兼做其他工作。

14. 电力营销—农网配电营业工（台区经理）—高级工—判断题—专业知识—中

电力电容器并联在电力线路中，可以改善电压质量，提高输电能力。(√)

15. 电力营销—农网配电营业工（台区经理）—高级工—判断题—专业知识—中

正常运行的电容器温升不超过45℃。(×)

解析：正常运行的电容器温升不超过40℃。

16. 电力营销—农网配电营业工（台区经理）—高级工—判断题—专业知识—中

电容器组禁止带电荷合闸，防止过电压。(√)

17. 电力营销—农网配电营业工（台区经理）—高级工—判断题—专业知识—中

低压配电线路环式接线方式有开环和闭环两种。(√)

18. 电力营销—农网配电营业工（台区经理）—高级工—判断题—专业知识—中

检查电气设备操作后的位置，可通过设备机械位置、电气指示、仪表及各种遥测遥信变化，应有两个及以上指示同时变化，才可判断设备操作已到位。(√)

19. 电力营销—农网配电营业工（台区经理）—高级工—判断题—专业知识—中

当母线电压超过额定电压的1.1倍时，禁止将电容器组接入电网。(√)

20. 电力营销—农网配电营业工（台区经理）—高级工—判

断题—基础知识—中

杆塔的垂直档距越大，则杆塔所受的导线垂直力越大。(√)

21. 电力营销—农网配电营业工（台区经理）—高级工—判断题—基础知识—中

导线最大允许使用应力是指导线弧垂任意点的应力。(×)

解析：导线最大允许使用应力是指设计时所取定的最大应力气象值时导线应力的最大使用值。

22. 电力营销—农网配电营业工（台区经理）—高级工—判断题—专业知识—难

电弧的产生是因为一种气体游离放电组成。(√)

23. 电力营销—农网配电营业工（台区经理）—高级工—判断题—专业知识—中

两台容量相同的变压器并联运行时，两台变压器一、二次绕组构成的回路出现环流电流的原因是变压比不等或连接组别不同。出现负载分配不均匀的原因是短路电压不相等。(√)

24. 电力营销—农网配电营业工（台区经理）—高级工—判断题—专业知识—易

导线的初伸长和张力的大小与作用时间的长短有关。(√)

25. 电力营销—农网配电营业工（台区经理）—高级工—判断题—专业知识—中

计费用电压互感器二次侧无须装设熔断器。(×)

解析：计费用电压互感器二次侧应不装设隔离开关辅助触点，但可装设熔断器。

26. 电力营销—农网配电营业工（台区经理）—高级工—判断题—专业知识—难

选择线路导线截面必须满足机械强度、发热条件、电压损失

的要求。(√)

27. 电力营销—农网配电营业工（台区经理）—高级工—判断题—专业知识—易

两部制电价计费的用户，其固定电费部分不实行《功率因数调整电费办法》。(×)

解析： 两部制电价计费的用户，还实行《功率因数调整电费办法》。

28. 电力营销—农网配电营业工（台区经理）—高级工—判断题—专业知识—易

用户倒送电网的无功电量，不参加计算月平均功率因数。(×)

解析： 按倒送的无功电量与实用无功电量两者的绝对值之和，计算月平均功率因数。

29. 电力营销—农网配电营业工（台区经理）—高级工—判断题—相关知识—中

正弦交流电的三要素是：幅值、角频率、初相角。(√)

30. 电力营销—农网配电营业工（台区经理）—高级工—判断题—相关知识—中

供用电合同的变更或解除，必须由合同双方当事人依照法律程序确定确实无法履行合同。(×)

解析： 供用电合同的变更或解除，当事人一方依照法律程序确定确实无法履行合同。

31. 电力营销—农网配电营业工（台区经理）—高级工—判断题—专业知识—易

电网峰谷差越大，电网平均成本随时间的波动就越大。(√)

32. 电力营销—农网配电营业工（台区经理）—高级工—判断题—相关知识—难

地锚坑的抗拔力是指地锚受外力垂直向上的分力作用时，抵抗向上滑动的能力。(√)

33. 电力营销—农网配电营业工（台区经理）—高级工—判断题—相关知识—易

短时间内危及人生命安全的最小电流为50mA。(√)

34. 电力营销—农网配电营业工（台区经理）—高级工—判断题—相关知识—难

三脚架法立杆主要危险点为倒杆伤人。(√)

35. 电力营销—农网配电营业工（台区经理）—高级工—判断题—基本技能—中

有关规程规定安全带在高空作业使用时，其破断力不得小于15000N。(√)

36. 电力营销—农网配电营业工（台区经理）—高级工—判断题—基本技能—中

1～10kV的配电线路，当采用钢芯铝绞线在居民区架设时其截面要求不小于25mm^2。(√)

37. 电力营销—农网配电营业工（台区经理）—高级工—判断题—基本技能—难

钢绞线在输配电线路中，用于避雷线时，其安全系数不应低于2.5；用于杆塔拉线时，其安全系数不应低于3。(×)

解析：钢绞线在输配电线路中，用于避雷线时，其安全系数不应低于2.5；用于杆塔拉线时，其安全系数不应低于2.0。

38. 电力营销—农网配电营业工（台区经理）—高级工—判断题—基本技能—难

普通钢筋混凝土电杆构件的强度安全系数，不应小于1.7。(√)

39. 电力营销—农网配电营业工（台区经理）—高级工—判断题—基本技能—难

配电线路上对横担厚度的要求是不应小于4mm。(×)

解析： 配电线路上对横担厚度的要求是不应小于5mm。

40. 电力营销—农网配电营业工（台区经理）—高级工—判断题—基本技能—易

电能表应垂直安装，偏差不得超过5°。(×)

解析： 电能表应垂直安装，偏差不得超过1°。

41. 电力营销—农网配电营业工（台区经理）—高级工—判断题—基本技能—中

一般电能计量装置中电压互感器二次电压回路电压降不得超过2%。(×)

解析： 一般电能计量装置中电压互感器二次电压回路电压降不得超过0.5%。

42. 电力营销—农网配电营业工（台区经理）—高级工—判断题—基本技能—中

钢丝钳、尖嘴钳、剥线钳的规格以全长表示。(√)

43. 电力营销—农网配电营业工（台区经理）—高级工—判断题—基本技能—易

当以经纬仪正倒镜分中法直接定线时，仪器对中误差不应大于3mm，水平度盘气泡偏离值不应大于1格。(√)

44. 电力营销—农网配电营业工（台区经理）—高级工—判断题—基本技能—难

接地摇表有两个探测针，一根是电位探测针，一根是功率探测针。(×)

解析： 接地摇表有两个探测针，一根是电位探测针，一根是电流探测针。

45. 电力营销—农网配电营业工（台区经理）—高级工—判断题—专门技能—易

采用临时拉线对紧线杆塔进行补强时，临时拉线应装设在耐张杆塔受力的反方向的延长线上。(√)

46. 电力营销—农网配电营业工（台区经理）—高级工—判断题—专门技能—易

导线的地面划印，是架空线的划印工作，由杆塔的挂线点处移至离地面不太高的地方进行。(√)

47. 电力营销—农网配电营业工（台区经理）—高级工—判断题—专门技能—中

杆塔组立施工必须有完整的施工作业指导书。(√)

48. 电力营销—农网配电营业工（台区经理）—高级工—判断题—专门技能—易

弧垂观测时，温度变化不超过10℃，可不改变弧垂观测值。(×)

解析：弧垂观测时，温度变化不超过±10℃，可不改变弧垂观测值。

49. 电力营销—农网配电营业工（台区经理）—高级工—判断题—专门技能—难

在电力系统非正常状况下，用户受电端的电压最大允许偏差不应超过额定值的±15%。(×)

解析：在电力系统非正常状况下，用户受电端的电压最大允许偏差不应超过额定值的±10%。

50. 电力营销—农网配电营业工（台区经理）—高级工—判断题—专门技能—易

当环境温度高于40℃时，仍可按电器的额定电流来选择使用电器。(×)

解析：当电器安装点的环境温度高于+40℃（但不高于+60℃）时，每增高1℃，建议额定电流按1.8%数值减少。

51. 电力营销—农网配电营业工（台区经理）—高级工—判断题—专门技能—难

施工中造成杆塔损坏的原因主要是：吊点选择错误、跑线、卡线。(√)

52. 电力营销—农网配电营业工（台区经理）—高级工—判断题—专门技能—中

到客户现场带电检查时，检查人员应不得少于2人。(√)

53. 电力营销—农网配电营业工（台区经理）—高级工—判断题—相关技能—易

同一次爆破中，不得使用两种不同的燃烧速度的导火索。(√)

54. 电力营销—农网配电营业工（台区经理）—高级工—判断题—相关技能—难

选择户外跌落式熔断器时，要使被保护线段的三相短路电流计算值大于其断流容量下限值，小于其断流容量的上限值。(√)

55. 电力营销—农网配电营业工（台区经理）—高级工—判断题—相关技能—中

电焊机的外壳接地必须可靠，接地电阻不得大于4Ω，其裸露的导电部分必须装设防护罩。电焊机露天放置应选择干燥场所，并加防雨罩。(√)

56. 电力营销—农网配电营业工（台区经理）—高级工—判断题—相关技能—中

施工现场临时用电的配电箱、开关箱的电源进线端严禁采用插头和插座做活动连接。(√)

57. 电力营销—农网配电营业工（台区经理）—高级工—判断题—专门技能—中

弧垂观测时，应先观测紧线侧近侧的一个耐张段，弧垂符合要求后在所有杆塔上进行划印，耐张塔平衡开断和附件安装，再观测远离的耐张段，依次对耐张段进行紧线。(×)

解析：弧垂观测时，应先观测远离紧线侧的一个耐张段，弧垂符合要求后在所有杆塔上进行划印，耐张塔平衡开断和附件安装，再观测的近侧的耐张段，依次对耐张段进行紧线。

58. 电力营销—农网配电营业工（台区经理）—高级工—判断题—专门技能—中

拉线盘安放以后，将拉线盘方向对准主坑中心的标杆或对准拉线副桩，这时拉线棒应与拉盘垂直。(√)

59. 电力营销—农网配电营业工（台区经理）—高级工—判断题—专业知识—中

图3-30为三电源供电的单母线分段回路接线图。(√)

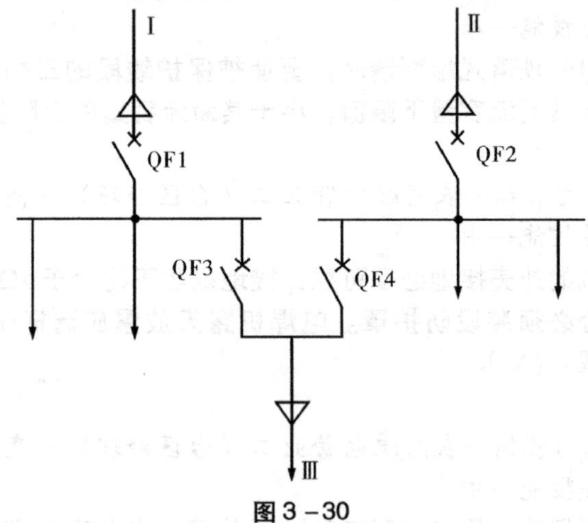

图3-30

60. 电力营销—农网配电营业工（台区经理）—高级工—判

断题—专业知识—难

图 3 –31 为电力电容并联无功补偿的原理接线图及相量图。(√)

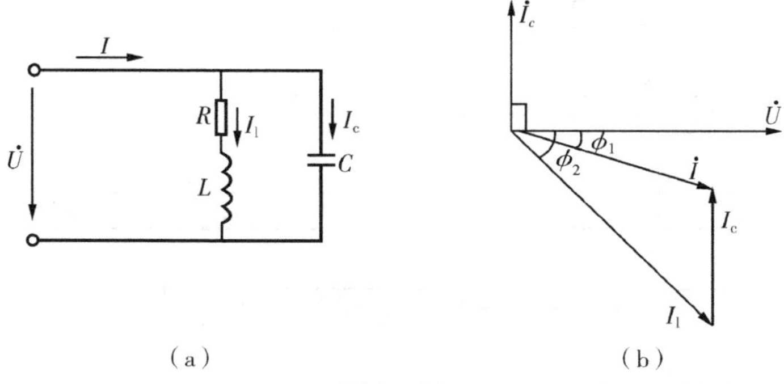

图 3 –31

61. 电力营销—农网配电营业工（台区经理）—高级工—判断题—专业知识—中

图 3 –32 为配电变压器无载分接开关 WSPⅢ250/10 –3 ×3 的原理接线图。(√)

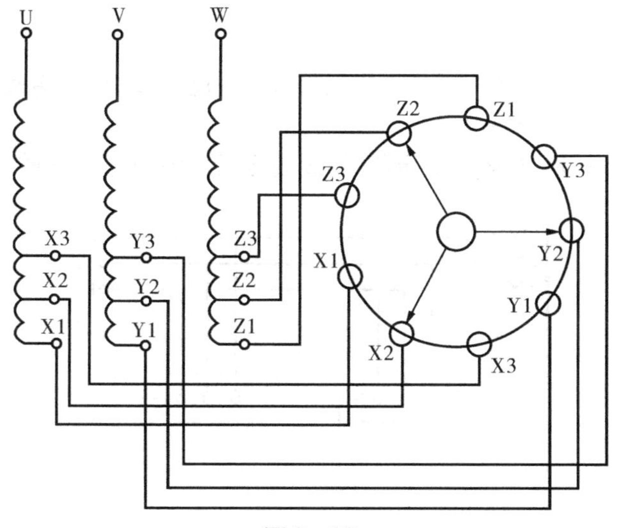

图 3 –32

62. 电力营销—农网配电营业工（台区经理）—高级工—判断题—专业知识—中

图 3－33 为配电线路事故抢修流程图。(√)

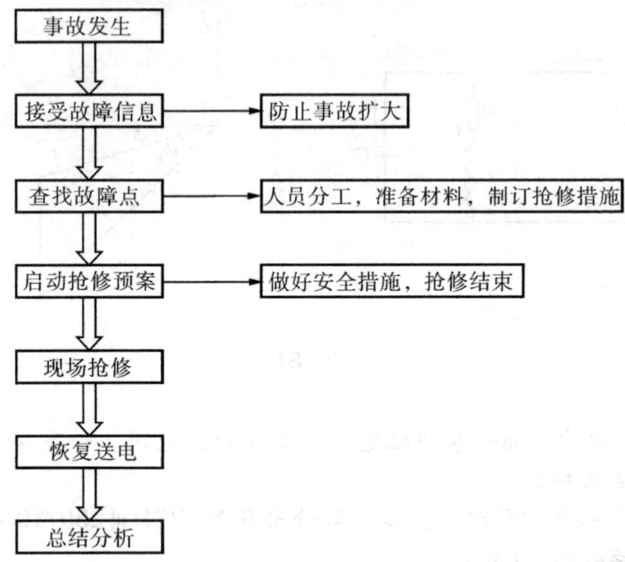

图 3－33

63. 电力营销—农网配电营业工（台区经理）—高级工—判断题—专业知识—中

图 3－34 为配电变压器 IT 接线方式中性点不接地的接线图。(×)

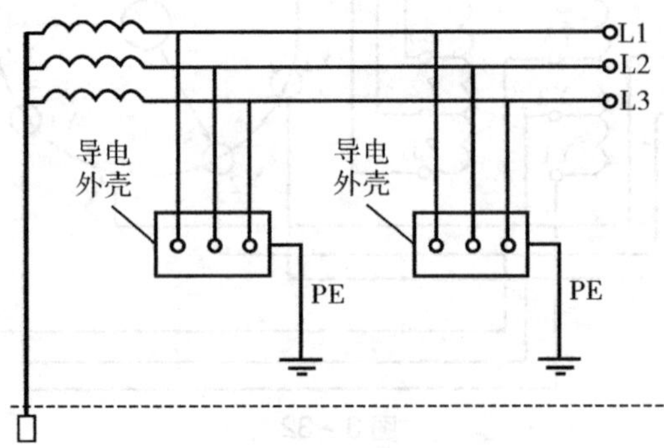

图 3－34

解析：如图 3－35 所示。

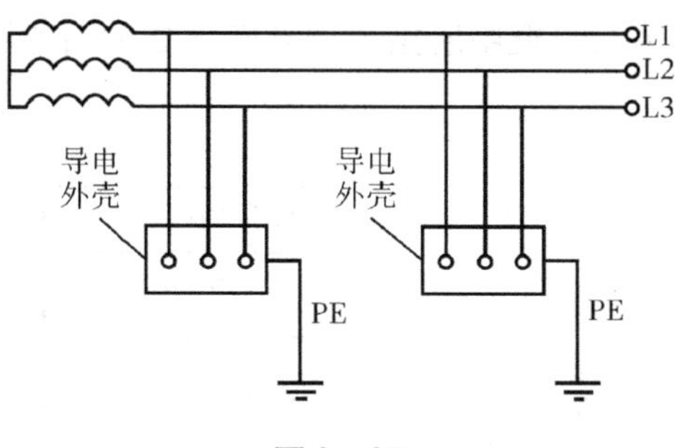

图 3－35

64. 电力营销—农网配电营业工（台区经理）—高级工—判断题—专业知识—中

图 3－36 所示配电线路导线架设施工的基本流程图是正确的。(×)

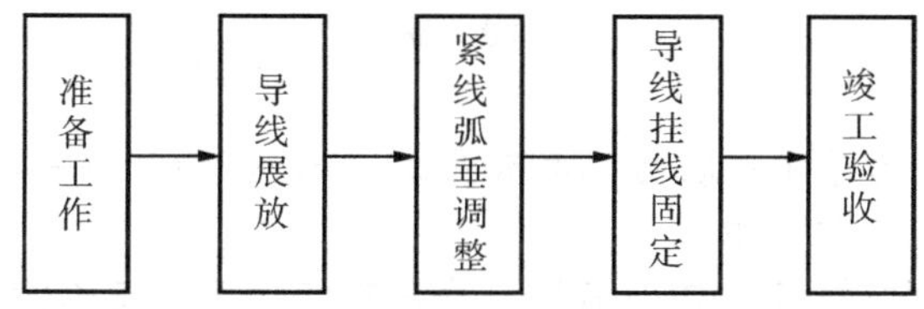

图 3－36

解析：如图 3－37 所示。

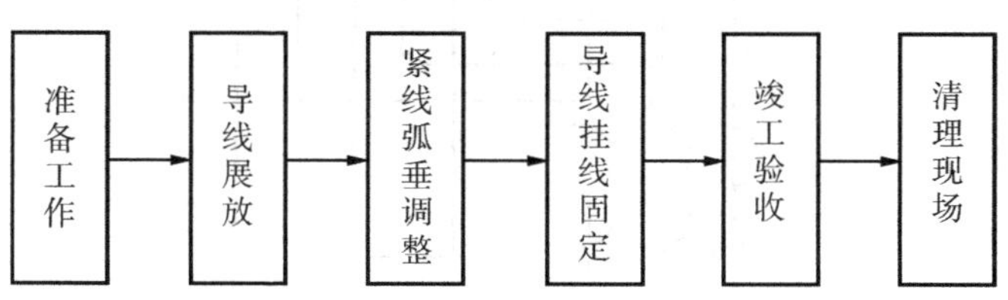

图 3－37

65. 电力营销—农网配电营业工（台区经理）—高级工—判断题—专业知识—中

图3－38为指引框中所指7种电气设备的名称和文字符号都是正确的。(√)

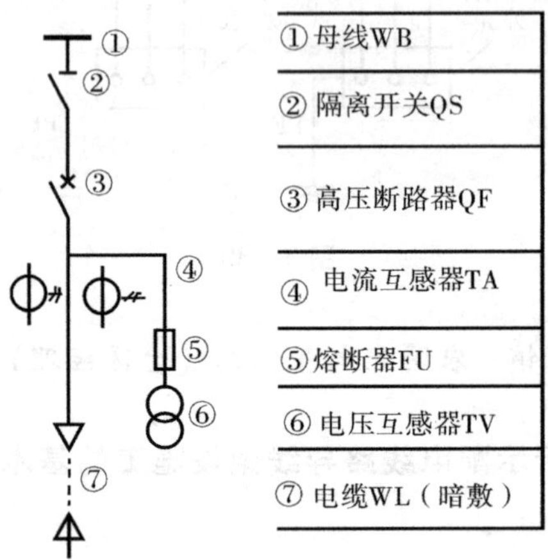

图3－38

66. 电力营销—农网配电营业工（台区经理）—高级工—判断题—专业知识—中

图3－39所示电流互感器完全星形接线图是正确的。(×)

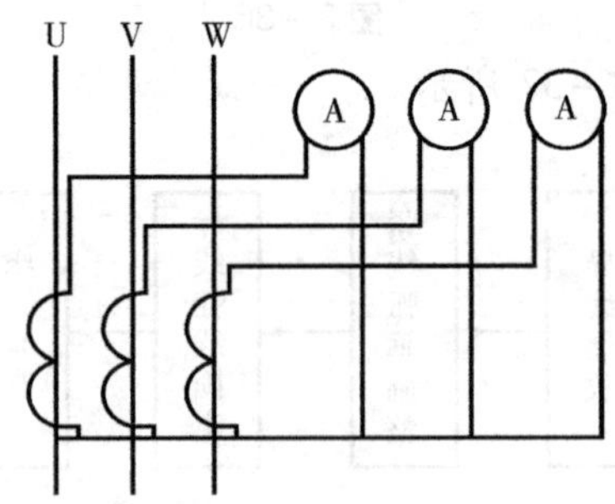

图3－39

解析： 如图 3－40 所示。

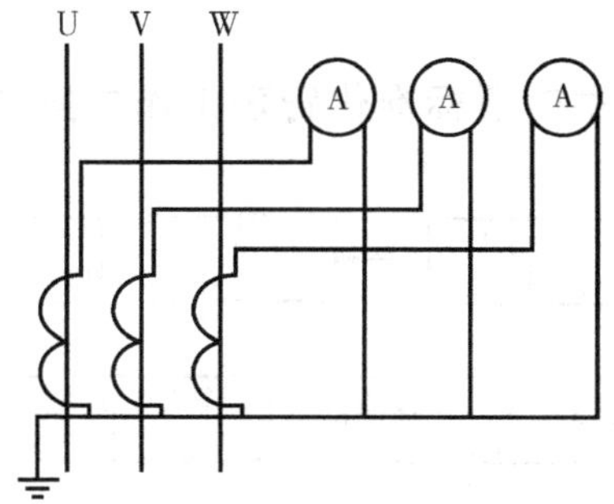

图 3－40

67. 电力营销—农网配电营业工（台区经理）—高级工—判断题—专业知识—难

图 3－41 为电压互感器 V_{v0} 接线的接线方式图。（√）

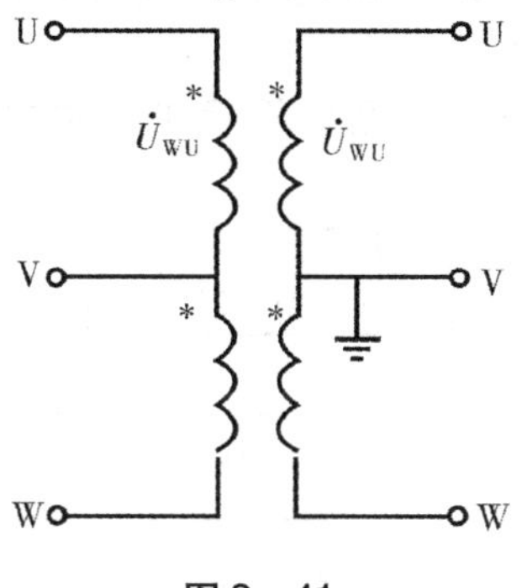

图 3－41

68. 电力营销—农网配电营业工（台区经理）—高级工—判断题—基础知识—易

图 3－42 为交流 *RC* 串联电路功率三角形图。（√）

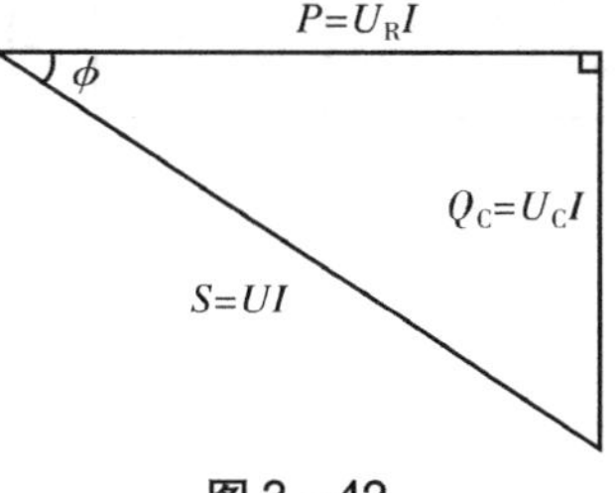

图 3－42

69. 电力营销—农网配电营业工（台区经理）—高级工—判断题—专业知识—中

图3－43为供电所标准化管理工作中操作票工作流程图。（√）

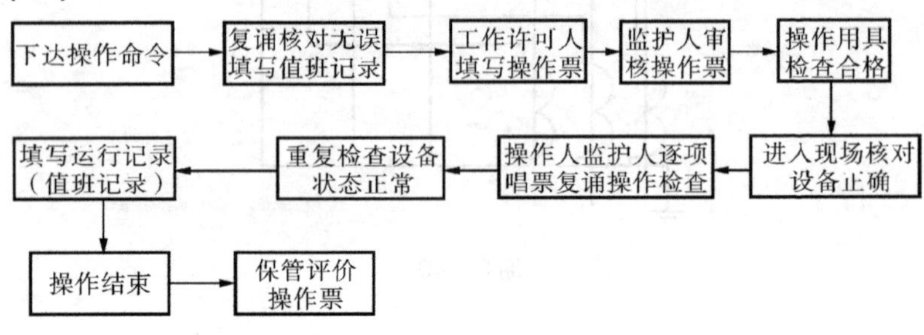

图3－43

70. 电力营销—农网配电营业工（台区经理）—高级工—判断题—专业知识—中

图3－44为供电所标准化管理工作中电能表管理（公司资产）工作流程图。（×）

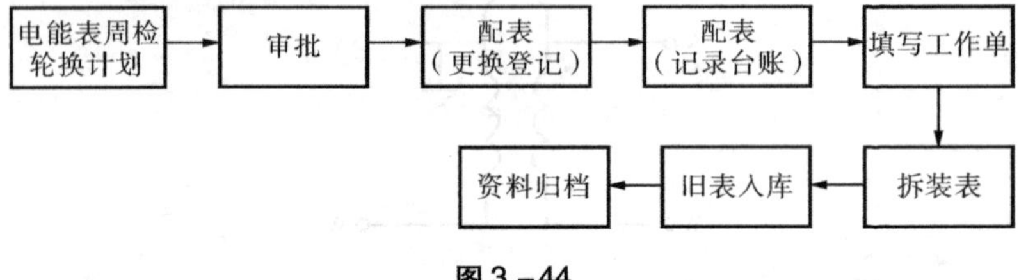

图3－44

解析： 如图3－45所示。

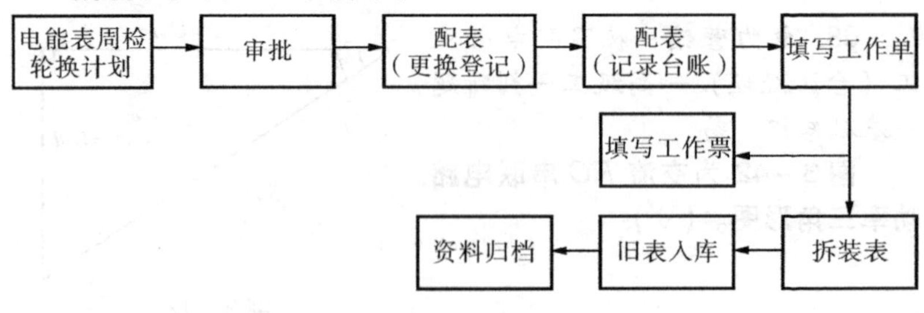

图3－45

71. 电力营销—农网配电营业工（台区经理）—高级工—判断题—相关知识—中

图3－46为供电所标准化管理工作中QC小组活动流程图。(√)

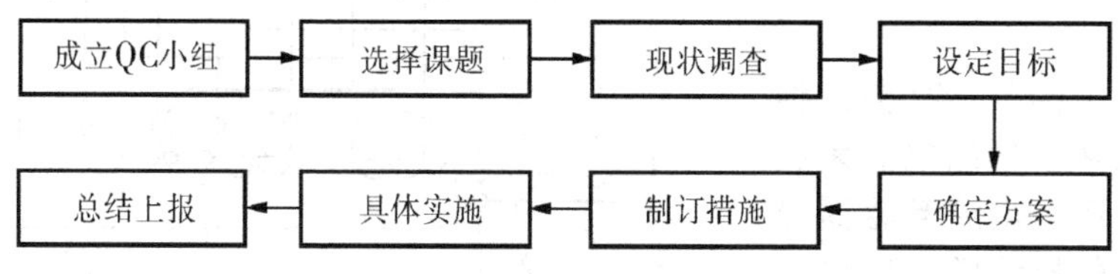

图3－46

72. 电力营销—农网配电营业工（台区经理）—高级工—判断题—专业知识—中

图3－47为经电压、电流互感器接入式单相电能表的接线图。(×)

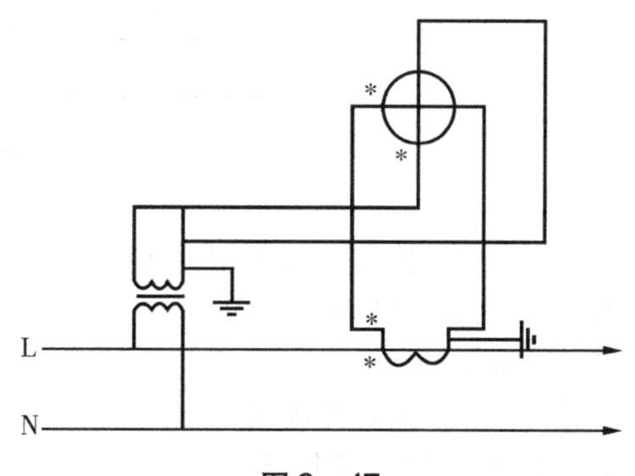

图3－47

解析：如图3－48所示。

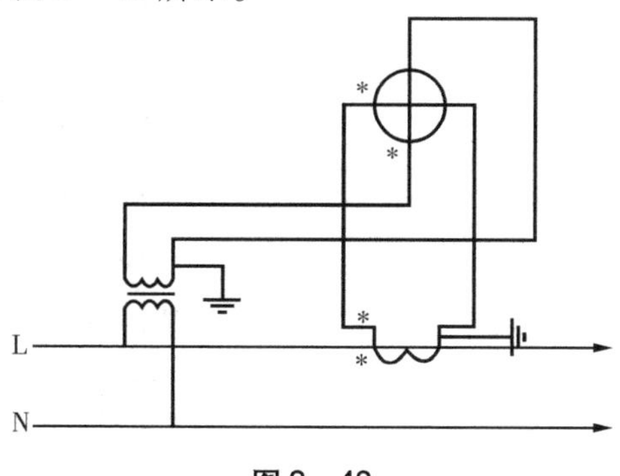

图3－48

73. 电力营销—农网配电营业工（台区经理）—高级工—判断题—专业知识—难

图3－49为三相四线多功能电能表经电压、电流互感器接入的接线图。(√)

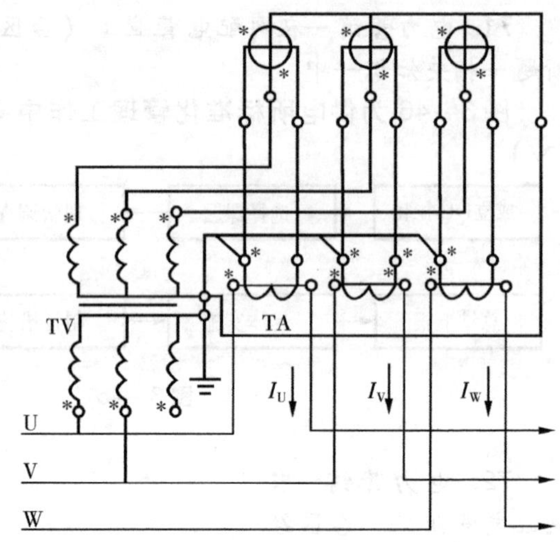

图3－49

74. 电力营销—农网配电营业工（台区经理）—高级工—判断题—专业知识—中

图3－50是用接触器控制的电动机正反转原理接线图。(√)

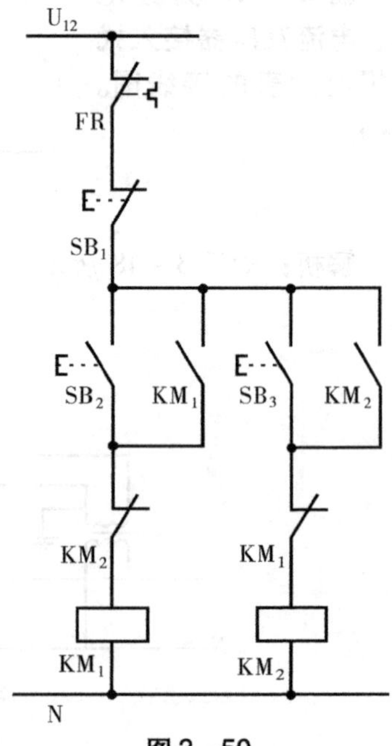

图3－50

第四节 技师

1. 电力营销—农网配电营业工（台区经理）—技师—判断题—专业知识—难

三相保护器的零序互感器信号线应设断线闭锁装置。（√）

2. 电力营销—农网配电营业工（台区经理）—技师—判断题—专业知识—难

正弦交流电路中电容器瞬时功率的最大值叫无功功率。（√）

3. 电力营销—农网配电营业工（台区经理）—技师—判断题—专业知识—难

电容器串联电抗器可抑制高次谐波。（√）

4. 电力营销—农网配电营业工（台区经理）—技师—判断题—专业知识—难

电网的“自愈能力”是指电网自动把有问题元件切除，尽可能迅速将用户切换到另外的可靠电源上。（√）

5. 电力营销—农网配电营业工（台区经理）—技师—判断题—专业知识—难

变压器铁芯的穿心螺钉无须压紧。（×）

解析：变压器铁芯的穿心螺丝夹得不紧，会使铁芯松动，造成硅钢片间产生振动。

6. 电力营销—农网配电营业工（台区经理）—技师—判断题—专业知识—难

高压配电系统环式接线中两个负荷悬殊，其线路材料消耗量小。（×）

解析：高压配电系统环式接线中两个负荷悬殊，其线路材料消耗量大。

7. 电力营销—农网配电营业工（台区经理）—技师—判断题—专业知识—难

并联电容器保护装置中应设重合闸。(×)

解析：并联电容器装置，严禁设置自动重合闸。

8. 电力营销—农网配电营业工（台区经理）—技师—判断题—专业知识—难

功率因数低说明设备利用率低，线损严重。(√)

9. 电力营销—农网配电营业工（台区经理）—技师—判断题—专业知识—难

10kV 跌落熔丝，K 型熔化速率高，而 T 型熔化速率低。(×)

解析：10kV 跌落熔丝采用新型熔体，K 型熔化速率为 6 ~ 8，T 型熔化速率为 10 ~ 13。

10. 电力营销—农网配电营业工（台区经理）—技师—判断题—专业知识—难

Hy1.5WS2 – 0.3/1.3 这一型号产品可用在标称电压为 220V 的电网中。(√)

11. 电力营销—农网配电营业工（台区经理）—技师—判断题—专业知识—难

氧化锌避雷器过电压的动作保护水平是由氧化锌阀片的残压确定。(√)

12. 电力营销—农网配电营业工（台区经理）—技师—判断题—专业知识—难

电容器保险熔断后立即更换熔丝送电。(×)

解析：发生电容器熔丝熔断后，不查明原因不准更换熔丝强行送电。

13. 电力营销—农网配电营业工（台区经理）—技师—判断题—专业知识—难

低压断路器的脱扣器不是用来接收信号的元件。(×)

解析：脱扣器是低压断路器用来接收信号的元件。

14. 电力营销—农网配电营业工（台区经理）—技师—判断题—专业知识—难

智能断路器中不会有互感器部件。(×)

解析：智能断路器通过互感器采集每相的电流，通过微处理器与设定值比较，再发出指令使电子脱扣器动作带动机构跳闸。

15. 电力营销—农网配电营业工（台区经理）—技师—判断题—专业知识—难

微型断路器有过载和短路保护功能。(√)

16. 电力营销—农网配电营业工（台区经理）—技师—判断题专业知识—难

剩余电流动作保护装置安装地点的接地电阻为 10Ω。(×)

解析：剩余电流动作保护装置安装地点的接地电阻≤4Ω。

17. 电力营销—农网配电营业工（台区经理）—技师—判断题—专业知识—难

剩余电流互感器工作原理是遵循基尔霍夫第二定律，即节点电流定律的。(×)

解析：剩余电流互感器工作原理是遵循基尔霍夫第一定律，即节点电流定律的。

18. 电力营销—农网配电营业工（台区经理）—技师—判断题—相关知识—难

提高试验电压，则被测设备的电容电流增加，电场干扰电流相应减小，这样测量的介质损失角正切值可以正确反映设备的实际绝缘状况。(√)

19. 电力营销—农网配电营业工（台区经理）—技师—判断题—相关知识—难

正常良好的绝缘，温度不同时介质损失角的正切值相等。(×)

解析： 温度对介质损失角的正切值影响很大，温度升高介质损失角的正切值会增大。

20. 电力营销—农网配电营业工（台区经理）—技师—判断题—相关知识—难

允许几根接地支线并接后压紧在接地干线的一个连接点上。(×)

解析： 不允许几根接地支线并接后压紧在接地干线的一个连接点上。

21. 电力营销—农网配电营业工（台区经理）—技师—判断题—相关知识—难

剩余电流动作保护器允许反接。(×)

解析： 剩余电流动作保护器不允许反接。

22. 电力营销—农网配电营业工（台区经理）—技师—判断题—相关知识—难

装拆电容器前必须充分逐项放电。(√)

23. 电力营销—农网配电营业工（台区经理）—技师—判断题—相关知识—难

在电容器组从电网断开后 5min 内不准重新投入运行。(√)

24. 电力营销—农网配电营业工（台区经理）—技师—判断题—相关知识—难

熔体额定电流指熔体长期通过而不熔化的最大电流。(√)

25. 电力营销—农网配电营业工（台区经理）—技师—判断

题—相关知识—难

用万用表测电容器阻值为0，则其内部短路。(√)

26. 电力营销—农网配电营业工（台区经理）—技师—判断题—相关知识—难

两个稳压管可以并联使用。(×)

解析： 两个稳压管不建议并联使用。

27. 电力营销—农网配电营业工（台区经理）—技师—判断题—相关知识—难

正常工作中稳压二极管阳极接高电位，阴极接低电位。(×)

解析： 正常工作中稳压二极管阳极接低电位，阴极接高电位。

28. 电力营销—农网配电营业工（台区经理）—技师—判断题—相关知识—难

待用间隔是出线及出线设备已安装完毕的间隔。(×)

解析： 待用间隔是指母线连接排或连接线已接上母线，但出线或出线设备尚未安装完毕的间隔。

29. 电力营销—农网配电营业工（台区经理）—技师—判断题—相关知识—难

二元变化是对新技术新设备操作状态确认与判断的新方法。(√)

30. 电力营销—农网配电营业工（台区经理）—技师—判断题—专业知识—中

避雷针和避雷线及避雷器只能消除雷电过电压，均不能消除内部过电压。(×)

解析： 避雷针和避雷线及避雷器只能消除雷电过电压，避雷器不能消除内部过电压。

31. 电力营销—农网配电营业工（台区经理）—技师—判断题—专业知识—难

单相电弧接地引起过电压只发生在中性点不接地的系统。(√)

32. 电力营销—农网配电营业工（台区经理）—技师—判断题—专业知识—难

悬挂于两固定点的导线，当气象条件发生变化时，导线的应力亦将随着变化。(√)

33. 电力营销—农网配电营业工（台区经理）—技师—判断题—专业知识—难

电动式测量机构的交流电压表、电流表标尺刻度不均匀，做成功率表时刻度均匀。(√)

34. 电力营销—农网配电营业工（台区经理）—技师—判断题—专业知识—易

我国技术标准一般分为国家标准、行业标准、企业标准。(√)

35. 电力营销—农网配电营业工（台区经理）—技师—判断题—专业知识—中

在耐张杆塔上进行附件安装时，腰绳可以绑在耐张绝缘子串上。(×)

解析：在耐张杆塔上进行附件安装时，腰绳不可以绑在耐张绝缘子串上。

36. 电力营销—农网配电营业工（台区经理）—技师—判断题—专业知识—易

减少供电线路电能损失，减少电压损失，提高末端电压宜采取无功就地补偿。(√)

37. 电力营销—农网配电营业工（台区经理）—技师—判断题—专业知识—易

农电营销管理信息系统是建立在计算机网络基础上的覆盖农电管理权过程的计算机信息处理系统。(√)

38. 电力营销—农网配电营业工（台区经理）—技师—判断题—专业知识—易

配电变压器应在铭牌规定的冷却条件下运行，油浸式变压器运行中的顶层油温不得高于95℃。(√)

39. 电力营销—农网配电营业工（台区经理）—技师—判断题—相关知识—难

磁电系仪表反映的是通过它的电流、电压的有效值，不通过任何转换就可以用于直流、交流以及非正弦电流、电压的测量。(×)

解析：磁电系仪表反映的是通过它的电流、电压的有效值，无法直接测量交流信号。

40. 电力营销—农网配电营业工（台区经理）—技师—判断题—相关知识—中

电费“三率”是指抄表的“到位率”“估抄率”“缺抄率”。(×)

解析：电费的“三率”是指抄表的实抄率、电费差错率和电费回收率。

41. 电力营销—农网配电营业工（台区经理）—技师—判断题—相关知识—中

断路器跳闸时间加上保护装置的动作时间，就是切出故障时间。(√)

42. 电力营销—农网配电营业工（台区经理）—技师—判断题—相关知识—中

过负荷保护是按照躲开可能发生的最大负荷电流而整定的保护，当继电保护中流过的电流达到整定电流时，保护装置发出信号，同时动作跳闸。(×)

解析：过负荷保护是在电路中，当回路电流超过过负荷保护装置预设值时，过负荷保护装置自动断开电流回路，起到保护有效负载的作用。

43. 电力营销—农网配电营业工（台区经理）—技师—判断题—相关知识—难

安装工程费是由人工费、材料费、机械台班费组成。(√)

44. 电力营销—农网配电营业工（台区经理）—技师—判断题—相关知识—中

在电缆敷设过程中，低压三相四线制电网应采用三芯电缆。(×)

解析：在电缆敷设过程中，低压三相四线制电网应采用四芯电缆。

45. 电力营销—农网配电营业工（台区经理）—技师—判断题—相关知识—易

接地线可用作工作零线。(×)

解析：接地线不能用作工作零线。

46. 电力营销—农网配电营业工（台区经理）—技师—判断题—相关知识—中

钳形表可测电流，也有电压测量插孔，但两者不能同时测量。(√)

47. 电力营销—农网配电营业工（台区经理）—技师—判断题—基本技能—难

售电量统计的方法可以按用电分类进行统计，也可以按用电类别进行统计。(√)

48. 电力营销—农网配电营业工（台区经理）—技师—判断题—基本技能—难

电能表更正系数 K 是在同一功率因数下，电能表正确接线应计量的电能值 A 与错误接线时电能表所计量的电能值 A_1 之比。(√)

49. 电力营销—农网配电营业工（台区经理）—技师—判断题—基本技能—难

电缆敷设在桥上无人可触及处，可裸露敷设，但尚需加遮阳罩。(√)

50. 电力营销—农网配电营业工（台区经理）—技师—判断题—基本技能—难

电缆之间应尽可能平行敷设，并尽可能减少电缆线路与其他各种地下设施管线的交叉。(√)

51. 电力营销—农网配电营业工（台区经理）—技师—判断题—基本技能—难

箱式变电站及落地式配电箱的基础应高于室外地坪，周围排水通畅。(√)

52. 电力营销—农网配电营业工（台区经理）—技师—判断题—基本技能—难

摇测电缆线路电阻时，电缆终端头套管表面应擦拭干净，以增加表面泄露。(×)

解析：摇测电缆线路电阻时，电缆终端头套管表面应擦拭干净，以降低表面泄露。

53. 电力营销—农网配电营业工（台区经理）—技师—判断题—基本技能—中

开关柜内母线表面应光洁平整，不应有裂纹、折皱、夹杂物及变形和扭曲现象。(√)

54. 电力营销—农网配电营业工（台区经理）—技师—判断题—专门技能—易

扒杆起吊时，牵引绳在杆塔起立到70°～80°时受力最大。(×)

解析：用扒杆起吊杆塔时，牵引绳开始受力最大。

55. 电力营销—农网配电营业工（台区经理）—技师—判断题—专门技能—易

电力建设、生产、供应和使用应当依法保护环境，采用新技术，减少有害物质排放，防止污染和其他公害。(√)

56. 电力营销—农网配电营业工（台区经理）—技师—判断题—专门技能—中

耐张绝缘子的安装费用，按附件工程考虑。(×)

解析：耐张绝缘子及其连接金具作为未计价材料考虑。

57. 电力营销—农网配电营业工（台区经理）—技师—判断题—专门技能—中

拉线制作和安装费用包括在杆塔组立定额之内。(√)

58. 电力营销—农网配电营业工（台区经理）—技师—判断题—专门技能—难

计量装置的电流互感器二次回路导线截面不小于1.5mm²。(×)

解析：计量装置的电流互感器二次回路导线截面不小于2.5mm²。

59. 电力营销—农网配电营业工（台区经理）—技师—判断题—专门技能—易

导线展放线一般有两种方法：人力放线和固定机械牵引放线。(√)

60. 电力营销—农网配电营业工（台区经理）—技师—判断题—相关技能—中

附近没有平行线路的带电运行线路，附件安装作业的杆塔在作业时，可以不装设保安接地线。(×)

解析：附近没有平行线路的带电运行线路，附件安装作业的杆塔在作业时，也要装设保安接地线。

61. 电力营销—农网配电营业工（台区经理）—技师—判断题—相关技能—中

在杆塔上进行安装导线、地线的耐张线夹时，必须采取防止跑线的可靠措施。(√)

62. 电力营销—农网配电营业工（台区经理）—技师—判断题—相关技能—难

C 相电压互感器二次侧断线，将造成三相三线有功电能表可能正传、反转或不转。(√)

63. 电力营销—农网配电营业工（台区经理）—技师—判断题—相关技能—难

档距不变，比载不变时，导线弧垂随应力的变化成正比。(×)

解析：档距不变，比载不变时，导线弧垂随应力的变化成反比。

64. 电力营销—农网配电营业工（台区经理）—技师—判断题—相关技能—难

经纬仪整平的目的是使用仪器的中心（竖轴）与测站点位于同一铅垂线上。(√)

65. 电力营销—农网配电营业工（台区经理）—技师—判断题—专业知识—中

CJ20 交流接触器在工作电压明显下降，弹簧反作用力小于

电磁力时，衔铁返回，主触点打开。(×)

解析：CJ20交流接触器在工作电压明显下降，弹簧反作用力大于电磁力时，衔铁返回，主触点打开。

66. 电力工程衣电专业—农网配电营业工（台区经理）—技师—判断题—专业知识—中

电子式时间继电器是利用阻容电路充放电来实现延时效果。(√)

67. 电力营销—农网配电营业工（台区经理）—技师—判断题—专业知识—易

变压器的工作原理要用自感与互感现象去理解。(√)

68. 电力营销—农网配电营业工（台区经理）—技师—判断题—专业知识—难

图3－51为配电变压器Yyn0连接组别绕组接线图和电压相量图。(√)

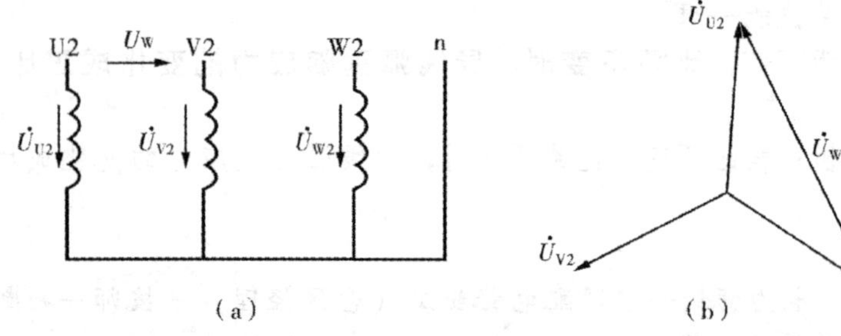

图3－51

69. 电力营销—农网配电营业工（台区经理）—技师—判断题—专业知识—中

图3－52为配电变压器IT接线方式中性点经高阻抗接地的接线图。(×)

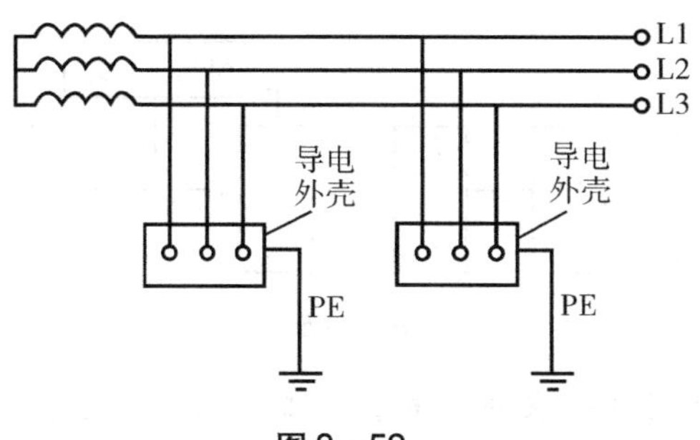

图 3 －52

解析：如图 3 －53 所示。

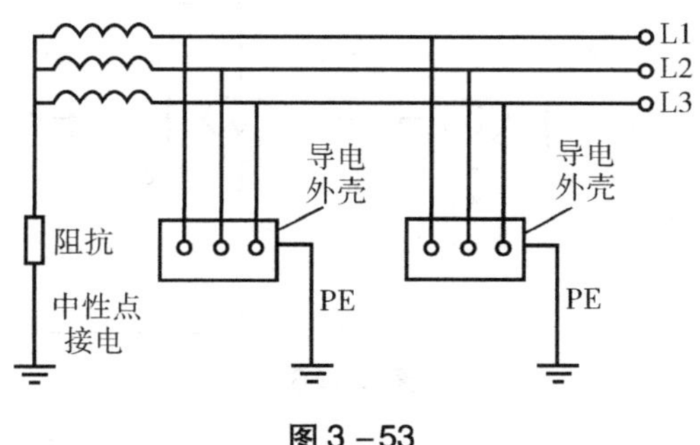

图 3 －53

70. 电力营销—农网配电营业工（台区经理）—技师—判断题—专业知识—中

图 3 －54 为架空导线压接操作的工艺流程图。（×）

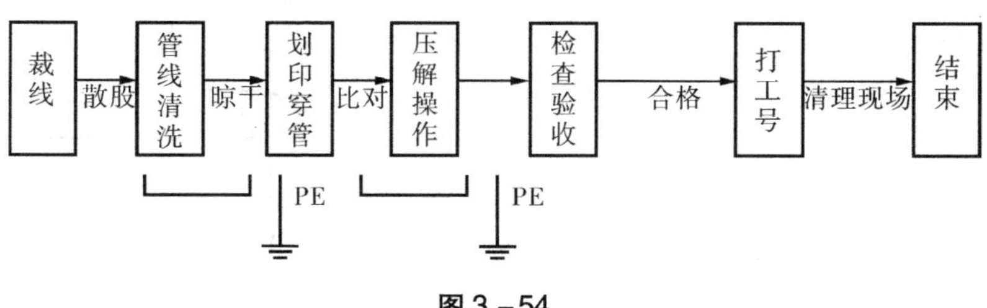

图 3 －54

解析： 如图 3－55 所示。

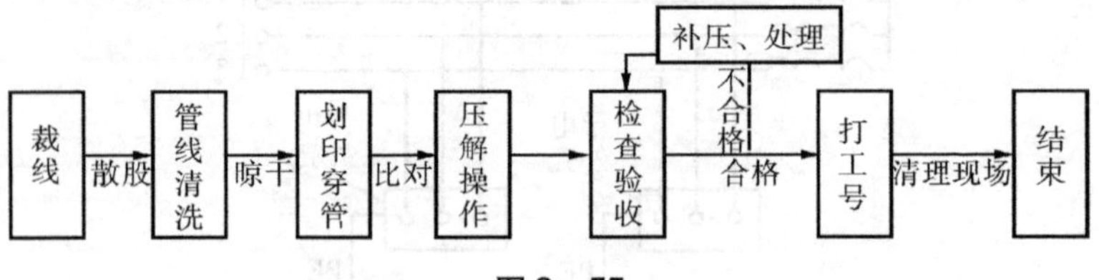

图 3－55

71. 电力营销—农网配电营业工（台区经理）—技师—判断题—专业知识—中

图 3－56 为电力系统各环节的示意图。(√)

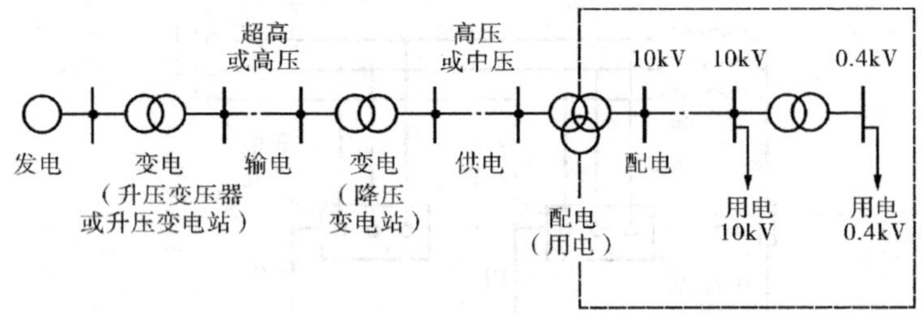

图 3－56

72. 电力营销—农网配电营业工（台区经理）—技师—判断题—专业知识—难

图 3－57 为变压器差动保护动作原理（区外故障）图。(×)

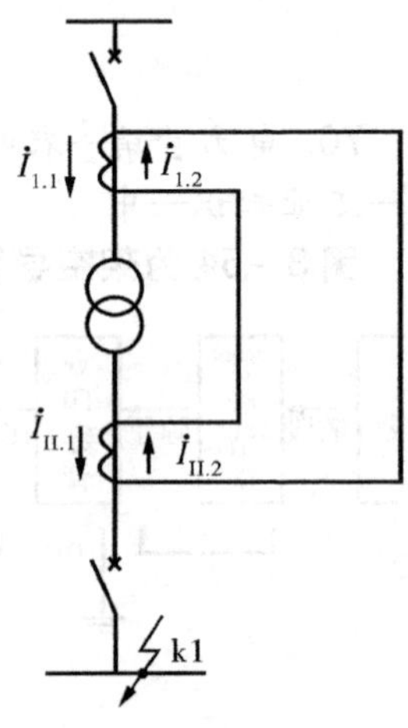

图 3－57

解析：如图 3－58 所示。

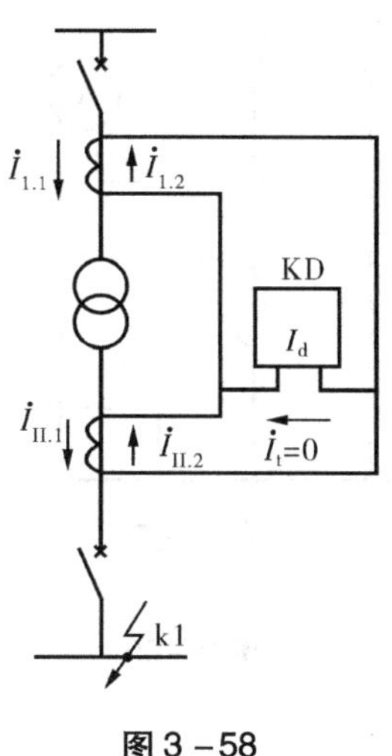

图 3－58

73. 电力营销—农网配电营业工（台区经理）—技师—判断题—专业知识—中

电流互感器“两只四线”接法的接线方式如图 3－59 所示。(×)

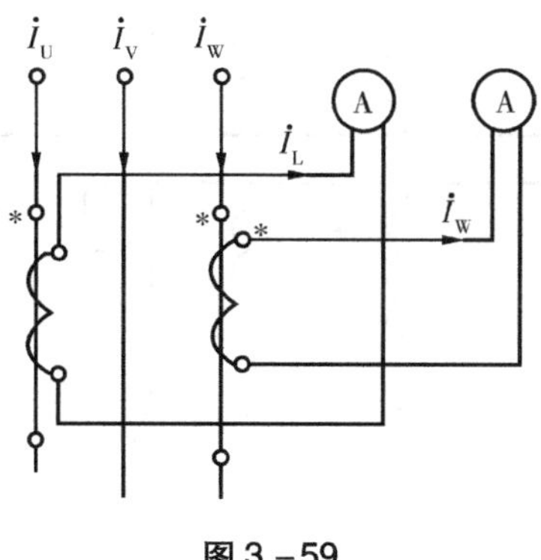

图 3－59

解析：如图 3－60 所示。

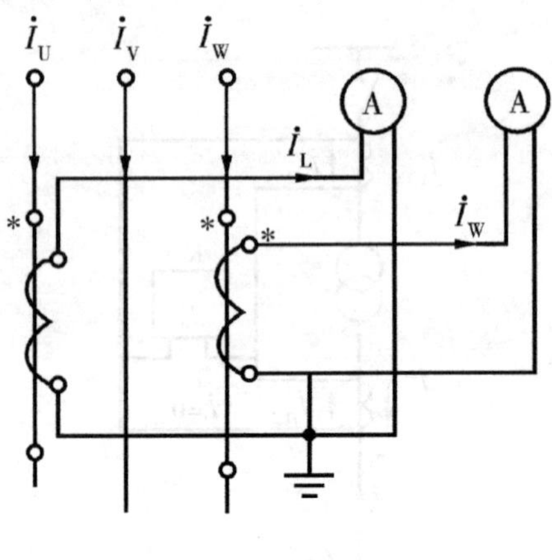

图 3－60

74. 电力营销—农网配电营业工（台区经理）—技师—判断题—专业知识—中

图 3－61 为电压互感器 Ynyn0 接线的接线方式。（√）

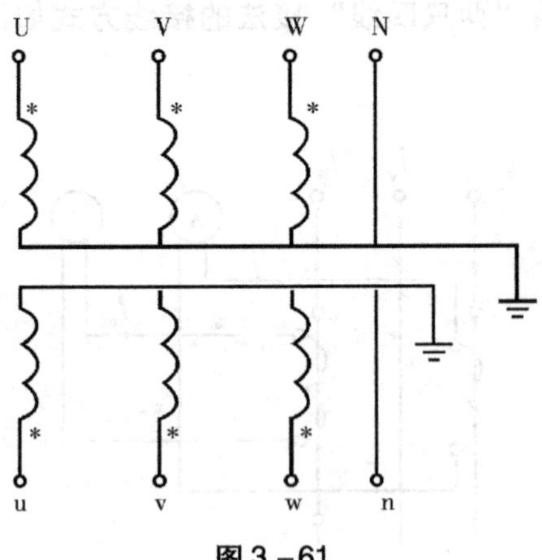

图 3－61

75. 电力营销—农网配电营业工（台区经理）—技师—判断题—专业知识—中

交流 *RC* 串联电路阻抗三角形如图 3 –62 所示。(√)

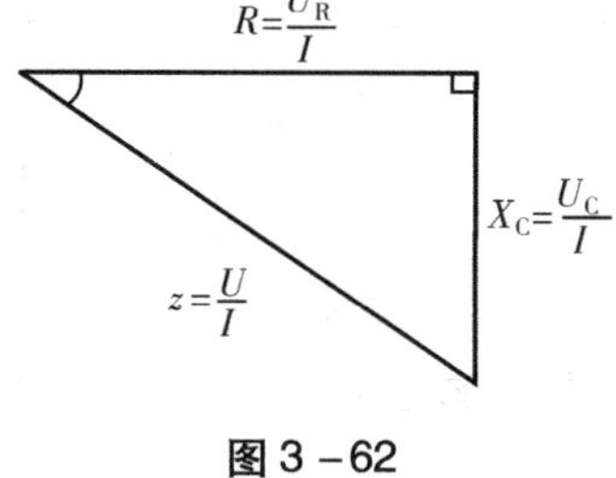

图 3 –62

76. 电力营销—农网配电营业工（台区经理）—技师—判断题—专业知识—中

图 3 –63 为供电所标准化管理工作中电能表管理（客户资产）工作流程图。(√)

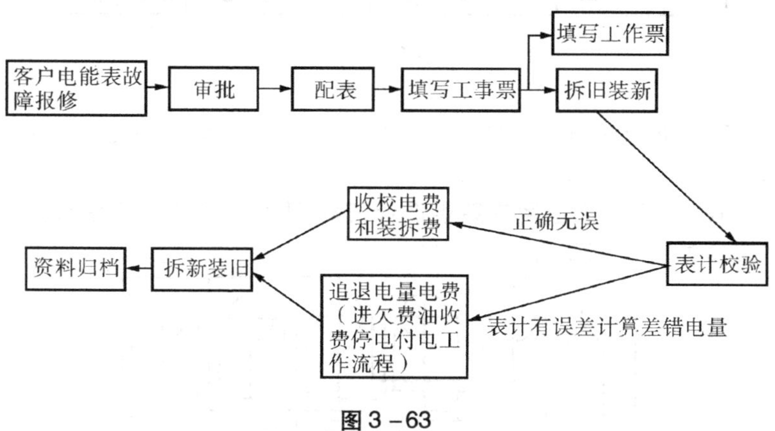

图 3 –63

77. 电力营销—农网配电营业工（台区经理）—技师—判断题—专业知识—中

供电所标准化管理工作中“两措”管理工作流程如图 3 –64 所示。(√)

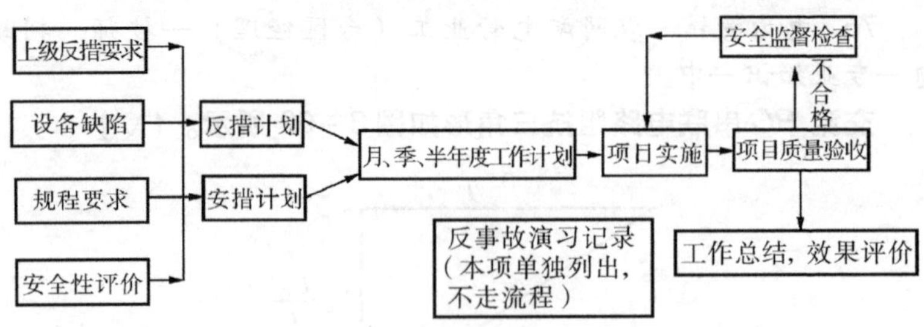

图 3－64

78. 电力营销—农网配电营业工（台区经理）—技师—判断题—专业知识—中

供电所标准化管理工作中设备评定级管理工作流程如图 3－65所示。（√）

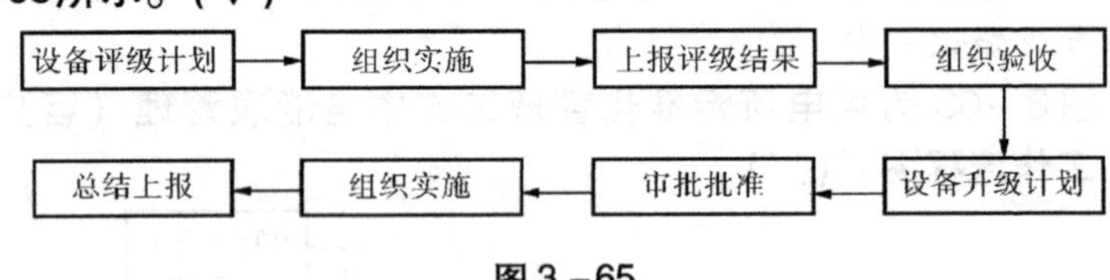

图 3－65

79. 电力营销—农网配电营业工（台区经理）—技师—判断题—专业知识—难

100kVA 及以上用户高供低计三相四线机械电能表联合接线的接线如图 3－66 所示。（√）

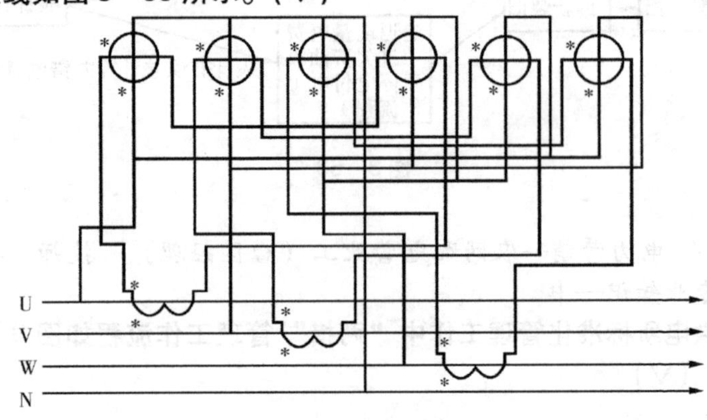

图 3－66

80. 电力营销—农网配电营业工（台区经理）—技师—判断题—专业知识—中

图 3 –67 为 10kV 电流互感器三线制连接高供高计电能计量装置的接线图。(×)

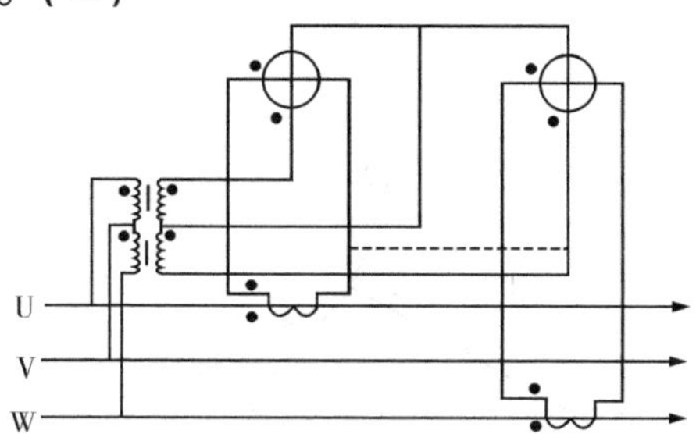

图 3 –67

解析：如图 3 –68 所示。

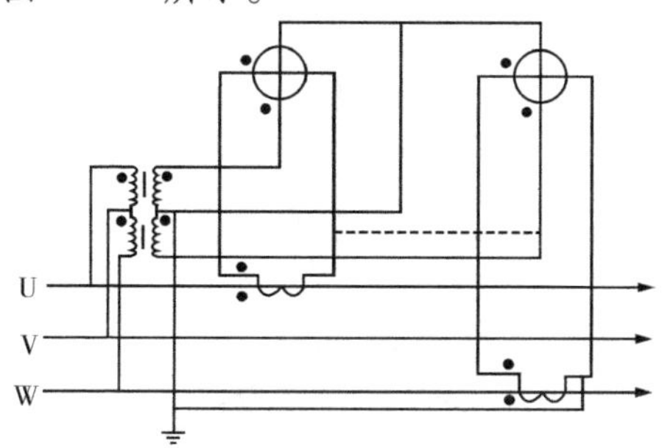

图 3 –68

81. 电力营销—农网配电营业工（台区经理）—技师—判断题—基础知识—中

三相正弦交流电正相序时各线电压及各相电压关系如图 3 –69所示。(√)

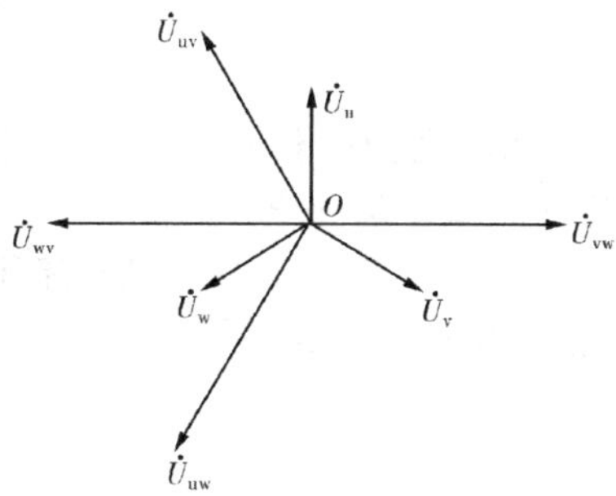

图 3 –69

82. 电力营销—农网配电营业工（台区经理）—技师—判断题—相关知识—中

三相四线电能表对称感性负荷相量图如图 3－70 所示。（ ×）

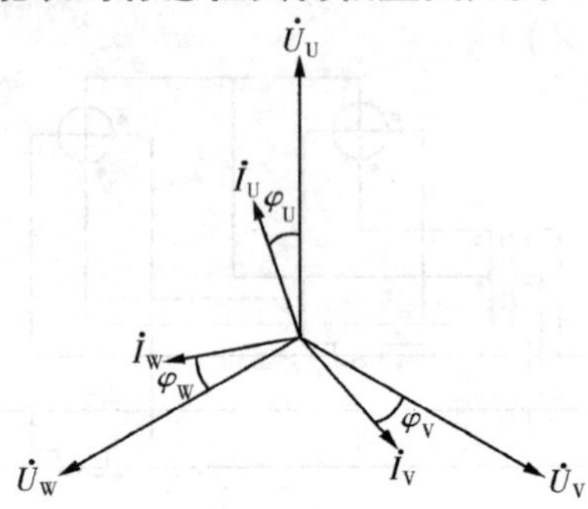

图 3－70

解析： 如图 3－71 所示。

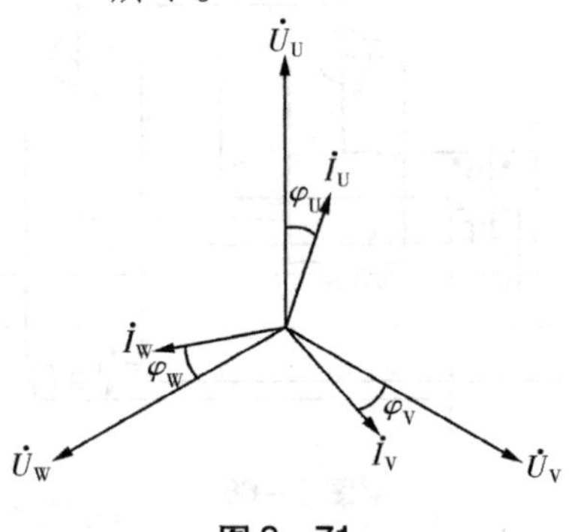

图 3－71

83. 电力营销—农网配电营业工（台区经理）—技师—判断题—专业知识—中

图 3－72 为电力电缆直流耐压和泄漏电流试验中微安表接在高压侧的试验接线图。（√）

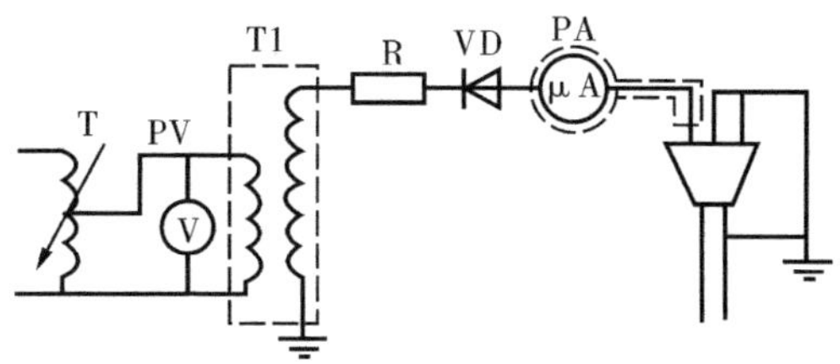

图 3－72

84. 电力营销—农网配电营业工（台区经理）—技师—判断题—专业知识—难

配电变压器 Dyn11 连接组别绕组接线如图 3－73（a）所示；电压相量如图 3－73（b）所示。（√）

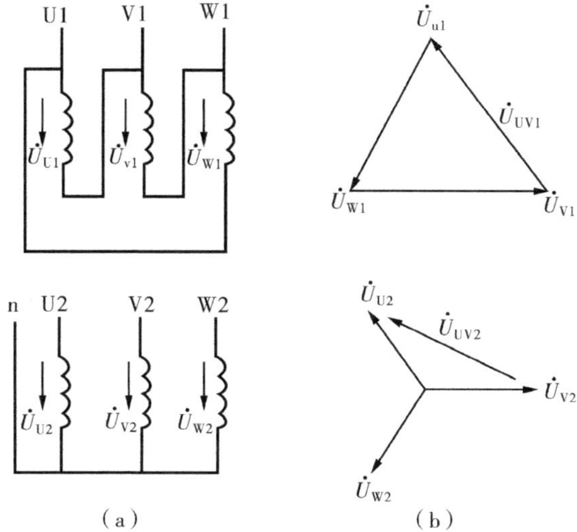

图 3－73

图3－72

84．[illegible]

配电变压器[illegible]接线组别[illegible]如图3－73（a）所示，电压相量如图3－73（b）所示。（√）

图3－73